电路、信号与系统(上)

主　编　李　芳　吴国平

副主编　孙利华　黄翠翠　余良俊　叶　磊
　　　　邓　华　望　超　邓　晗　陈　荣

华中科技大学出版社

中国·武汉

内 容 简 介

本书与《电路、信号与系统（下）》为同系列书籍，系统地讨论了信号与线性系统的基本理论和研究方法，并利用信号与系统的分析方法来分析电路系统。本书主要介绍了信号系统的基本概念、连续时间系统的时域分析、连续时间信号的分解与分析、连续时间系统的频域分析、连续时间系统的复频域分析、连续时间系统的系统函数表示及特性分析。为帮助学生理解本书的基本理论和研究方法，书中针对主要知识点，安排了适当的实验实训项目和习题。本书可作为普通高等院校及高职高专电类专业"信号与系统"课程的教材使用，也可供相关学科研究人员和工程技术人员进行参考。

图书在版编目（CIP）数据

电路、信号与系统.上/李芳，吴国平主编.—武汉：华中科技大学出版社，2018.6
ISBN 978-7-5680-3525-5

Ⅰ.①电…　Ⅱ.①李…　②吴…　Ⅲ.①电路理论-高等学校-教材　②信号系统-高等学校-教材
Ⅳ.①TM13　②TN911.6

中国版本图书馆 CIP 数据核字（2018）第 122848 号

电路、信号与系统（上）
Dianlu、Xinhao yu Xitong（Shang）

李　芳　吴国平　主编

策划编辑：范　莹
责任编辑：刘辉阳
责任校对：何　欢
封面设计：原色设计
责任监印：周治超
出版发行：华中科技大学出版社（中国·武汉）　　　　电话：(027)81321913
　　　　　武汉市东湖新技术开发区华工科技园　　　　邮编：430223
录　　排：武汉市洪山区佳年华文印部
印　　刷：武汉华工鑫宏印务有限公司
开　　本：787mm×1092mm　1/16
印　　张：12.25
字　　数：312 千字
版　　次：2018 年 6 月第 1 版第 1 次印刷
定　　价：32.00 元

前　言

　　"电路"是电子、通信、光电、计算机、电气工程及其自动化等专业的一门重要的专业基础课程。随着电子技术和信息处理技术的迅猛发展,电子信息工程已成为当今 IT 领域不可或缺的一门学科。在电子信息工程等专业的后续课程中,电路分析与计算是学生必须掌握的基础知识和基本技能,也是学习电子技术和信息处理技术的必备基础知识。本书由武汉工程科技学院(原中国地质大学江城学院)和多所高职高专院校的相关专业从教多年的教师为了适应对 21 世纪电子技术人才的培养需要,根据个人多年教学经验和体会,遵循"以实用为主,理论够用为度"的原则编写。本书系统地介绍了电路分析的基本理论和计算方法,每个章节都附有实验实训项目,用来加深对理论知识的理解,并将理论知识与实践相结合。希望学生在学习完本教材后,能熟练掌握分析常用电路的基本理论和计算方法,为后续课程的学习和将来从事电子技术相关方面的工作打下良好的基础。

　　本教材根据应用型人才培养方案而编写,具有不同于其他同类教材的鲜明特色。

　　(1)针对应用型人才培养的教学特点来精选教材内容。根据"以实用为主,理论够用为度"的原则,选择学生能在后续课程和今后工作中常用的知识点为基础进行理论研究和分析计算。因此,本书缩简篇幅,简化了知识内容,使概念描述清晰简练,学习目的明确,内容鲜明实用。

　　(2)编者注重理论的严谨性,在保证内容的先进性、完整性的同时,叙述力求深入浅出,且注重实用性;本书对每个问题的理论和概念的叙述力求由简到繁,深入浅出,除去了传统教材中的一些复杂的理论推导与计算,着重于电路分析理论的应用和分析计算方法的实用性。

　　(3)习题的选择——"少而精"。根据每章要求学生必须掌握的知识点,精选了相应的习题。这样不仅可以让学生在练习中加深对知识点的印象,掌握所要求的知识点,而且也避免了学生由于学习负担过重而缺乏学习的自信心,从而可以有更多的精力从事该课程的教学实践和课程设计。

　　(4)每章都选取具有代表性的仿真电路作为实验项目,利于学生对理论知识的进一步深化理解,理论结合实际更能体现应用性人才培养的教学理念。

　　(5)全书结构合理,内容精辟,图文并茂,既方便教师课堂讲授,也利于学生自学。

通过本课程的教学,学生应具备以下能力:

① 能熟练掌握电路分析中常见的基本定理和具备相关的计算能力;

② 能正确分析常见电路;

③ 能准确、熟练地计算电路相关参数。

本书由李芳、吴国平主编。前言、附录及第 3 章、第 5 章、第 6 章由李芳执笔;孙利华、陈荣、黄翠翠、余良俊、叶磊、邓华等参与了部分章节的编写。其中,孙利华参与了第 1 章的编写;陈荣参与了第 2 章的编写;黄翠翠参与了第 4 章的编写;余良俊参与了第 6 章的编写;邓华参与了第 7 章的编写，望超、邓晗参与了第 8 章的编写；全书由吴国平、叶磊统筹和修订定稿。

　　本书的编写工作离不开武汉工程科技学院机械与电子信息学院各位领导的支持，在编写过程中还得到了张友纯教授和熊年禄教授的热情关心和帮助。在本书出版过程中，华中科技大学出版社的范莹编辑给予了大力支持和帮助，作者在此一并表示衷心的感谢。在编写过程中，编者借鉴和引用了有关参考资料，在此对参考文献的作者也一并表示深深的谢意。

　　由于作者水平有限，编写的教材不可避免地存在疏漏和不足之处，敬请读者批评指正。

　　本教材的配套教材为《大学物理（电学）》《电工电子学》。

编　者

2018 年 5 月

目　　录

第1章 电路、信号与系统的基本概念

学习"电路分析基础"课程的目的是掌握电路的基本规律和基本分析方法。本章从建立电路模型、认识电路变量等基本问题出发,重点讨论理想电源、欧姆定律、基尔霍夫定律等重要概念,也对信号与系统作了简要的介绍。

1.1 电路和电路模型

1.1.1 实际电路

为了实现电能的产生、传输及使用,将所需电路元件按一定方式连接,即可构成电路。电路提供了电流流通的路径,电路的功能如下。

(1) 实现电能的产生、传输、分配和转化。例如高电压、高电流的电力电路等。

(2) 实现电信号的产生、传输、变换和处理。例如低电压、低电流的电子电路及计算机电路、控制电路等。

一个完整的电路包括如下三个基本组成部分。

(1) 电源:产生电能或信号的设备,是电路中信号或能量的来源。利用特殊设备可将其他形式的能量转变为电能,如发电机、干电池、光电池等。电源有时又称为"激励"。

(2) 负载:消耗电能的元器件,也称用电设备。它能将电能转变为其他形式的能量,如电动机、电阻器等。

(3) 电源与负载之间的连接部分:除导线外,还有控制和保护电源用的开关、熔断器、变压器等。

由激励在电路中产生的电压和电流称为响应。有时,根据激励和响应之间的因果关系,把激励称为输入,响应称为输出。

为了实现电路的功能,人们将所需的实际元器件或设备,按一定的方式连接而构成的电路称为实际电路,图 1-1(a)所示即为最简单的实际手电筒电路。它由 4 个部分组成:干电池(电源)、导线(传输线)、开关 S(起控制作用)、灯泡(用电器,也称负载)。

1.1.2 电路模型

将实际电路加以科学抽象和理想化以后得到的电路,称为理想化电路,也称电路模型。

实际的元器件和设备的种类是很多的,如各种电源、电阻器、电感器、电容器、变压器、晶体管、固体组件等,它们中发生的物理现象是很复杂的。因此,如果要对实际电路进行分析和数学描述,进一步研究电路的特性和功能,就必须对电路进行科学地抽象,用一些模型代替实际

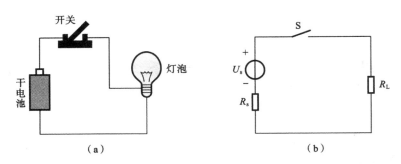

图 1-1　实际电路与电路模型

元器件和设备的外部特性和功能,这种模型即为电路模型,构成电路模型的元件称为模型元件,也称理想电路元件。理想电路元件只是实际元器件和设备在一定条件下的理想化模型,它能反映实际元器件和设备在一定条件下的主要电磁性能,并用规定的模型元件图形符号来表示。如图 1-1(a)所示的实际手电筒电路,即可用图 1-1(b)所示的电路模型代替。其中电压 U_s 和电阻 R_s 的串联组合即为干电池的模型,S 为开关的模型,电阻 R_L 为灯泡的模型。

本书所说的电路一般指由理想元器件构成的抽象电路或电路模型,而非实际电路。

1.2　电流和电压的参考方向

电路中涉及的基本物理量有电荷、电流、电位、电压等。它们的定义、计量单位在物理学中已经叙述过,这里只讨论电流和电压的方向问题。

1.2.1　电流和电压的实际方向

1. 电流的实际方向

电流定义为电荷(包括正电荷与负电荷)的定向移动。习惯上,规定正电荷定向移动的方向为电流的实际方向(或者负电荷定向移动的反方向为电流的实际方向)。

2. 电压的实际方向

电压定义为电场中 a、b 两点之间的电位差,称为 a、b 两点之间的电压。人们已经取得共识,把实际电位高的点标为"+"极,把实际电位低的点标为"-"极,"+"极指向"-"极的方向就是电压的实际方向。

1.2.2　电流和电压的参考方向

1. 电流的参考方向

电流的参考正方向,简称参考方向。电路中电流的实际方向,在人们对电路未进行分析计算之前是未知的,因此为了方便对电路进行分析计算和列写电路方程,需要对电流设定一个参考正方向,简称参考方向,图 1-2 所示电路中电流 $i(t)$ 的方向就是参考方向(不一定就是电流 i 的实际方向)。若所求得的 $i(t)>0$,就说明电流 $i(t)$ 的实际方向与参考方向一致;若所求得的

$i(t)<0$，就说明 $i(t)$ 的实际方向与参考方向相反。可见，电流 $i(t)$ 是一个标量。

电路中电流的参考方向是任意规定的。电路图中电流 $i(t)$ 的方向恒为参考方向。

2. 电压的参考方向

电压的参考"＋"、"－"极性简称电压的参考极性，两点之间的电压参考方向可以用"＋"、"－"表示，"＋"极指向"－"极的方向就是电压的参考方向。电路中电压的实际"＋"、"－"极性，在人们对电路进行分析计算之前是未知的，同样为了方便对电路进行分析计算和列写电路方程，也要对电压设定一个参考"＋"、"－"极性。如图 1-2 所示电路中电压 u_{ab} 的"＋"、"－"极性就是参考极性（不一定就是电压 u_{ab} 的实际"＋"、"－"极性）。若所求得的 a、b 两点间电压 $u_{ab}>0$，就说明 a 点的实际电位高于 b 点的实际电位；若 $u_{ab}<0$，就说明 a 点的实际电位低于 b 点的实际电位；若 $u_{ab}=0$，则说明 a、b 两点的实际电位相等。

电压的参考极性是任意设定的，电路图中的"＋"、"－"极性恒为电压的参考极性。

如前所述，支路电流的参考方向与支路电压的参考方向是可以任意选定的，元器件上电压、电流的参考方向设定不同，会影响到计算结果的正负号。但为了分析上的便利，常常将同一支路上的电流与电压参考方向选为一致，例如，可选电流的参考方向为由电压参考极性的"＋"端指向"－"端，电流和电压的这种参考方向称为关联参考方向；当二者不一致时，称为非关联参考方向。这个概念非常重要，在大多数情况下，支路的电流与电压是否为关联参考方向将影响到支路的伏安特性，这一点以后会逐步介绍。当电流与电压为关联参考方向时，可以只标出一个变量的参考方向，如图 1-3(a) 所示；当电流和电压为非关联参考方向时，必须标出全部变量的参考方向，如图 1-3(b) 所示。

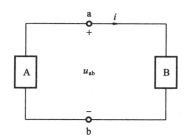

图 1-2　电流和电压的参考方向

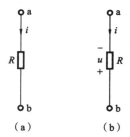

图 1-3　电流与电压关联参考方向

1.3　电功率和能量

在电路的分析与计算中，研究能量的分配和交换是重要内容之一，功率可直接反映支路的能量变化情况。用 W 表示能量，用 P 表示功率。

1.3.1　功率的定义

单位时间内电路所吸收的电能，称为这部分电路吸收的功率。

$$P=\frac{\mathrm{d}W}{\mathrm{d}t}$$

(1-1)

式(1-1)可理解为功率是能量对时间的变化率,若随着时间的变化,能量是增加的,则功率是正的,表示电路吸收(或消耗)能量,例如电阻支路;若随着时间的变化,能量是减少的,则功率是负的,表示电路供出（或产生）能量,例如电源支路。

1.3.2 功率的计算

由定义式可知,

$$P=\frac{\mathrm{d}W}{\mathrm{d}t}=\frac{\mathrm{d}W}{\mathrm{d}q}\cdot\frac{\mathrm{d}q}{\mathrm{d}t}=u\cdot i \tag{1-2}$$

从式(1-2)可知,功率可以通过电流与电压的乘积来计算,即当支路的电流与电压的参考方向为关联参考方向时,电流与电压的乘积就是此支路吸收的功率。当计算结果为正时,说明支路吸收功率;计算结果为负时,说明支路发出功率。这种讨论方式完全符合功率的定义,并且便于理解和记忆。需要说明的是,有的书上有不同的讨论方式,但其实质是一样的。当支路的电流与电压为非关联参考方向时,计算公式前面要添加负号,即

$$P=-ui \tag{1-3}$$

利用式(1-3)计算功率,结果为正时,表示吸收功率;结果为负时,表示发出功率。

在国际单位制中,电压的单位为伏(V),电流的单位为安(A),功率的单位为瓦特,简称瓦(W)。

例 1-1 (1) 在图 1-4(a)、(b)所示电路中,若电流均为 2 A,且均由 a 流向 b,已知 $u_1=1$ V,$u_2=-1$ V,求该元件吸收或发出的功率;

(2) 在图 1-4(b)所示电路中,若元件发出的功率为 4 W,$u_2=-1$ V,求电流。

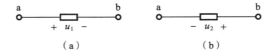

图 1-4 例 1-1 图

解 (1) 设电流 i 的参考方向由 a 指向 b,则

$$i=2 \text{ A}$$

对图 1-4(a)所示元器件来说,电压、电流参考方向为关联参考方向,故

$$P=u_1 i=1\times 2=2 \text{ W}$$

即吸收功率为 2 W。

对图 1-4(b)所示元器件来说,电压、电流参考方向为非关联参考方向,故

$$P=-u_2 i=-(-1)\times 2=2 \text{ W}$$

即吸收功率为 2 W。

(2) 设电流的参考方向由 a 指向 b,则

$$P=-u_2 i=-4 \text{ W}$$

因发出功率为 4 W,故 P 为 -4 W,由此可得

$$i=\frac{4}{u_2}=\frac{4}{-1}=-4 \text{ A}$$

负号表明电流的实际方向是由 b 指向 a。

1.4 电路元器件

电路元器件是电路中基本的组成单元,电路元器件通过其端子与外部相连接,元器件的特性则通过与端子有关的物理量进行描述。

1.4.1 电阻元件

1. 电阻的伏安特性

电阻元件(简称电阻)是从实际电阻器抽象出来的模型。线性电阻的电路图形符号如图 1-5(a)所示,电阻中的电流与其两端的电压的实际方向总是一致的,在电压、电流的参考方向为关联参考方向条件下,其伏安关系用欧姆定律来描述,即

$$R=\frac{u}{i} \quad 或 \quad u=R\cdot i \qquad (1-4)$$

其中,电阻值 R 为一正常数,与流经本身的电流及两端电压无关。伏安关系如图 1-5(b)所示,在伏安平面上是通过坐标原点的一条直线,并位于第一、三象限。或者说满足式(1-4)欧姆定律关系的电阻元件称为线性电阻。

线性电阻也可以用另一个电路参数"电导"来表示,其符号为 G。G 与 R 成倒数关系,即

$$G=\frac{i}{u}=\frac{1}{R} \qquad (1-5)$$

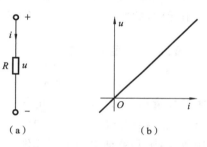

图 1-5 线性电阻的电路图形符号和伏安关系

(a) 电路图形符号;(b) 伏安关系

线性电导也是一常数。

2. 电阻的单位

在国际单位制中,电压的单位为伏(V),电流的单位为安(A),电阻 R 的单位为欧姆(Ω)。

$$1\ \Omega=1\ \text{V/A}$$

电导 G 的单位为西门子(S)。

3. 电阻的功率

电阻是消耗能量的,式(1-4)说明,当电压一定时,电阻越大,电流越小,电阻体现了对电流的阻力。既然电阻对电流有阻力,当电流通过电阻时就要消耗能量。线性电阻的功率为

$$P=u\cdot i=R\cdot i^2=\frac{u^2}{R} \qquad (1-6)$$

在式(1-6)中,i^2(或 u^2)总为正,电阻元件的阻值是正常量,所以电阻吸收的功率总为正值,说明电阻总是消耗电能,电阻是一种耗能元件,这是电阻的一个重要特性。利用电阻消耗电能并转化成热能的性能可将电阻制作成各种电热器。换句话说,电阻表征了电路部件消耗电能的特性,除了实际电阻以外,它可以是电灯、电烙铁、电动机等部件的理想电路模型。

4. 电阻的即时性

电阻元件的另一个重要特性是,在任一时刻,电阻两端的电压是由此时电阻中的电流所决

定的,而与过去的电流值无关;反之,电阻中的电流是由此时电阻两端电压所决定的,而与过去的电压值无关。从这个意义上讲,电阻是一种无记忆元件,也就是说电阻不能记忆过去的电流(或电压)所起的作用。

5. 非线性电阻

实际上电阻元件也是某些电子元器件的理想电路模型,例如半导体二极管,它的伏安关系不是通过坐标原点的直线,而是曲线,称此元器件为非线性电阻。非线性电阻的阻值不是常量,而是随着电压或电流的大小、方向的改变而改变,所以不能再用一个常数来表示,也不能用式(1-4)的欧姆定律来定义它。

本书主要讨论线性电阻的相关知识,为了叙述方便,简称线性电阻元件为电阻。

6. 电阻的一般性定义

基于电阻的以上特性,电阻元件的定义如下:如果一个二端元件在任一瞬间 t,其电压 $u(t)$ 和电流 $i(t)$ 二者之间的关系,由 u-i 平面(或 i-u 平面)上一条曲线所决定,则此二端元件称为电阻元件,此曲线就是电阻的伏安特性曲线。

1.4.2　电容元件

两块金属极板中间放入介质就构成了一个简单的电容器。在接通电源后,两块极板上聚集了数量相等、符号相反的电荷,极板之间就形成了电场。所以电容器是一种能存储电荷的元器件,它具有存储电场能量的性能,这是它主要的物理特性。如果不考虑电容器的热效应和磁场效应,则它就抽象为电容元件。电容元件是实际电容的理想电路模型,或者说电容元件是用来表征存储电场能量的电路模型。

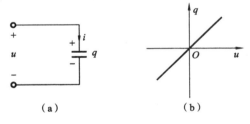

图1-6　线性电容的电路图形符号及特性曲线

1. 电容元件的定义

一个电容元件,其电路图形符号如图1-6(a)所示。如果其特性曲线为 q-u 平面上经过坐标原点且在一、三象限的一条直线,其斜率不随电荷或电压的变化而变化,如图1-6(b)所示,则称该电容元件为线性电容,即

$$C=\frac{q}{u} \quad 或 \quad q=Cu \qquad (1-7)$$

式中:C 为正常数,称为电容量(简称电容)。习惯上称电容元件为电容。

2. 电容的单位

在国际单位制中,电容 C 的单位为法拉(F)。此时电荷的单位为库仑(Q),电压的单位为伏特(V),即

$$1\ F=\frac{1\ Q}{1\ V}$$

但法拉这个单位对于实际电容来说太大了,所以常用的单位是微法(μF)和皮法(pF):

$$1\ \mu F=10^{-6}\ F$$

$$1\ pF=10^{-12}\ F$$

3. 电容的伏安特性

虽然电容是根据 q-u 关系定义的,但在电路中常用的变量是电压和电流,即我们感兴趣的是,电容元件的伏安关系,由电流的定义 $i=\mathrm{d}q/\mathrm{d}t$ 和电容的定义 $C=q/u$ 可推出电容元件的伏安关系为

$$i_\mathrm{C}=\frac{\mathrm{d}q}{\mathrm{d}t}=\frac{\mathrm{d}(Cu_\mathrm{C})}{\mathrm{d}t}=C\frac{\mathrm{d}u_\mathrm{C}}{\mathrm{d}t} \tag{1-8}$$

在图 1-6(a)所示电路中,因为当 $i_\mathrm{C}>0$ 时,正电荷被输送到上极板,电容被充电,电压是增加的,所以当电压与电流参考方向为关联参考方向时,电容的伏安关系如式(1-8)所示。若电压与电流参考方向为非关联参考方向时,需要在关系式前面添加一个负号,即

$$i_\mathrm{C}=-C\frac{\mathrm{d}u_\mathrm{C}}{\mathrm{d}t} \tag{1-9}$$

电容的伏安关系表明通过电容的电流与其两端电压的变化率成正比,若电压稳定不变,其电流必为零。例如在电容充电结束后,电容电压虽然达到某定值 U_0,但其电流却为零。这和电阻元件有本质上的不同,电阻两端只要有电压存在,电阻中的电流就一定不为零。

电容的伏安关系还表明,在任何时刻如果通过电容的电流为有限值,那么电容上的电压就不能突变;反之,如果电容上电压发生突变,则通过电容的电流将为无限大。

4. 电容的功率和储能

一个电容当其电压 u 和电流 i 参考方向为关联参考方向时,则它吸收的功率为

$$P=u_\mathrm{C}i_\mathrm{C}$$

电容吸收的能量为

$$W_\mathrm{C}=\int_{-\infty}^{t}p(\tau)\mathrm{d}\tau=\int_{-\infty}^{t}u_\mathrm{C}i_\mathrm{C}\mathrm{d}\tau=\int_{-\infty}^{t}u_\mathrm{C}C\frac{\mathrm{d}u_\mathrm{C}}{\mathrm{d}t}\mathrm{d}t=C\int_{u_\mathrm{C}(-\infty)}^{u_\mathrm{C}(t)}u_\mathrm{C}(\tau)\mathrm{d}u_\mathrm{C}(\tau)$$

$$=\frac{1}{2}Cu_\mathrm{C}^2(\tau)\Big|_{u_\mathrm{C}(-\infty)}^{u_\mathrm{C}(t)}=\frac{1}{2}C[u_\mathrm{C}^2(t)-u_\mathrm{C}^2(-\infty)] \tag{1-10}$$

积分式的下限为负无穷大,它表示"从头开始",此时电容还未被充电,即 $u_\mathrm{C}(-\infty)=0$;上限 t 为观察时间,式(1-10)说明电容在某一时刻的储能取决于该时刻电容上的电压值,当电压随时间变化而变化时,电容储能也随时间变化而变化,但能量总为正。

例 1-2 已知图 1-7(a)所示电路中电容电压的波形如图 1-7(b)所示,设 $C=1\ \mathrm{F}$,求电容电流 $i_\mathrm{C}(t)$ 并画出它的波形。

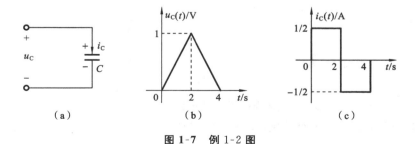

(a)   (b)   (c)

图 1-7 例 1-2 图

解 由电容的波形写出电容电压的数学表达式为

$$u_C(t)=\begin{cases} \dfrac{1}{2}t, & 0<t<2 \\[2mm] -\dfrac{1}{2}t+2, & 2<t<4 \end{cases}$$

由图 1-7(a)可知,电流与电压参考方向为关联参考方向,有

$$i_C=C\frac{\mathrm{d}u_C}{\mathrm{d}t}$$

可以计算出电流的表达式为

$$i_C(t)=\begin{cases} \dfrac{1}{2}\text{A}, & 0<t<2 \\[2mm] -\dfrac{1}{2}\text{A}, & 2<t<4 \end{cases}$$

得到的波形如图 1-7(c)所示。

由图 1-7 可知,电容电流 i_C 有时为正,有时为负。当 $0<t<2$ 时,i_C 为正,说明电容被充电,电荷能量也在增加;当 $2<t<4$ 时,电流 i_C 为负,说明电容在放电,即释放能量;当 $t=4$ 时,能量释放完毕,电压为 0,整个过程中电容本身并不消耗能量。

5. 非线性电容与时变电容

凡是不满足线性定义的电容元件,就称为非线性电容。一个电容元件,如果电容量是时间 t 的函数 $C(t)$,那么 $C(t)$ 将表示不同时刻 q-u 特性曲线的斜率,这个电容就称为时变电容。

可以将电容定义为:一个二端元件,在任一时刻 t,它的电荷 q 与端电压 u 之间的关系可以用 u-q 平面上的一条曲线来确定,则称该二端元件为电容元件。

1.4.3 电感元件

一个线圈绕在螺线管或铁心上,当线圈中有电流通过时,线圈周围就会形成磁场,磁场中存储着磁场能量,这种器件称为电感器。如果不考虑电感器的热效应和电场效应,即抽象为电感元件,它是实际电感器的理想化模型,表征了电感器的主要物理特性,即电感元件具有存储磁场能量的性能。

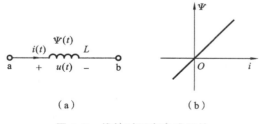

图 1-8　线性时不变电感元件

1. 电感元件的定义

一个二端元件,如果在任一时刻 t,它的磁链 Ψ 和通过它的电流 i 之间的关系可以用 i-Ψ 平面上的一条曲线来确定,则此二端元件就称为电感元件。电感元件的图形符号如图 1-8(a)所示,图中磁链的方向与电流的方向一致,"+"、"−"号表示电压的参考方向。

如果在 i-Ψ 平面上,电感元件的特性曲线是通过坐标原点并处在第一、三象限的一条直线,而且不随磁链或电流变化而变化,如图 1-8(b)所示,则称其为线性时不变电感元件,即

$$L=\frac{\Psi}{i} \quad 或 \quad \Psi=Li \tag{1-11}$$

式中：L 为一个与 Ψ、i 无关的正常数，称为电感量，简称电感。Ψ 为磁链，磁链与电流的大小及方向有关。

2. 电感的单位

在国际单位制中，电感 L 的单位为亨利（H），此时磁链的单位为韦伯（Wb），电流的单位为安培（A），即

$$1 \text{ H} = \frac{1 \text{ Wb}}{1 \text{ A}}$$

常用单位是毫亨（mH）或微亨（μH）。

3. 电感的伏安特性

与电容元件类似，虽然电感是根据 i-Ψ 关系定义的，但在电路中常用的变量是电压和电流，即我们感兴趣的是电感元件的伏安关系。在电感中变化的电流产生变化的磁链，变化的磁链会在电感两端产生感应电压。该电压可由法拉第的电磁感应定律给定，即

$$u_L = \frac{d\Psi}{dt} \tag{1-12}$$

再加上电感的定义 $\Psi = Li$，可以推出电感元件的伏安关系为

$$u_L = \frac{d\Psi}{dt} = \frac{d(Li)}{dt} = L\frac{di_L}{dt} \tag{1-13}$$

式中：磁链的单位是 Wb，电压的单位是 V，电流的单位是 A。需要强调的是，这里的电压与电流参考方向为关联参考方向，如图 1-8(a)所示。式(1-13)符合楞次定律。楞次定律指出，当电感中的电流变化时电感两端会产生感应电压，而感应电压的极性是对抗这个电流的变化的。若电流增加，即造成了磁场的增强，因而磁链增大。由式(1-12)得 $u(t) > 0$，意味着 a 点电位高于 b 点电位，这一极性可对抗电流的进一步增加。

当电流与电感参考方向为非关联参考方向时，其伏安关系为

$$u_L = -L\frac{di_L}{dt}$$

电感的伏安关系表明，电感两端的电压与其中电流的变化率成正比，若电流稳定不变，其电压必为零。例如当直流电流通过电感时，电感两端电压为零，电感犹如短路。电感的伏安关系还表明，在一般条件下电感电流不会发生突变，电感电压是有限值。反之，如果电感电流发生突变，则电感两端的电压将为无限大。

4. 电感的功率和储能

一个电感当其电压 u 和电流 i 为关联参考方向时，它吸收的功率为

$$P = ui$$

电感吸收的能量为

$$W_m = \int_{-\infty}^{t} P_L(\tau)d\tau = \int_{-\infty}^{t} u_L(\tau)i_L(\tau)d\tau = \int_{i_L(-\infty)}^{i_L(t)} Li_L(\tau)di_L$$
$$= \frac{1}{2}L[i_L^2(t) - i_L^2(-\infty)]$$

设 $i_L(-\infty) = 0$，则电感储能为

$$W_m = \frac{1}{2}Li_L^2(t) \tag{1-14}$$

积分式的下限是负无穷大，此时电感还没有电流通过，即 $i_L(-\infty)=0$，上限 t 是观察时间。式(1-14)说明，电感在某一时刻的储能取决于该时刻电感上的电流值，当电流随时间变化而变化时，电感储能也随时间变化而变化。电感存储的磁场能量与 $i_L(t)$ 有关，也与电感量 L 有关。

例 1-3 如图 1-9(a)所示电感上，电流与电压参考方向为关联参考方向，若已知电流的波形如图 1-9(b)所示，试画出电压、功率和能量的波形，设 $L=1\text{ H}$。

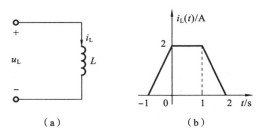

（a）　　　　　　　　（b）

图 1-9 例 1-3 图

解 根据式(1-13)和式(1-14)直接画出电压、功率和能量的波形，分别如图 1-10(a)、(b)、(c)所示。

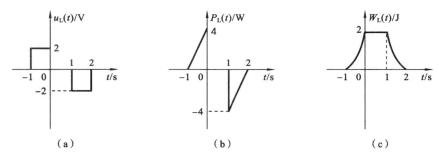

（a）　　　　　　　　（b）　　　　　　　　（c）

图 1-10 例 1-3 解图

由图 1-10(b)、(c)可知，电感瞬时功率有时为正、有时为负，当 $-1\leqslant t<0$ 时，P 为正，表明对电感充电，能量增加；$t=0$ 时，能量增加到 2 J；当 $0<t<1$ 时，电流保持稳定值 2 A，所以电压等于零，而能量保持在 2 J，表明电感既不增加能量，又不释放能量；当 $1<t\leqslant 2$ 时，P 为负，电压为负，表明电感放电，即释放能量；当 $t=2$ 时，能量释放完毕。在整个过程中电感本身不消耗能量。

1.5 电压源和电流源

由于电路的功能有两种，故对电源的定义也有两种。

（1）产生电能或存储电能的设备称为电源，例如发电机、蓄电池等，均为电源。

（2）产生电压信号或电流信号的设备也称为"电源"，这种"电源"实际上是"信号源"，也称信号发生器，例如，实验室中应用的正弦波信号发生器、脉冲信号发生器等。

理想电源是实际电源的理想化电路模型，可分为两种：理想电压源和理想电流源，它们都是二端有源元器件。

1.5.1 电压源的伏安特性

图 1-11(a)所示理想电压源,是具有图 1-11(b)所示伏安特性的二端元件,该伏安特性平面上是一条与 i 轴平行的直线,u_s 表示电压源的电压。如果 u_s 是时间函数,则它并不随工作电流的变化而变化。在任一瞬间,其伏安特性总是一条直线。

理想电压源的伏安特性可表示为

$$u = u_s \tag{1-15}$$

这个式子也表明电压 u 是由 u_s 决定的,与流过电压源的电流的值无关,同时也说明电压源所表示的只是两端间的电压,而不能确定流过电压源的电流值,这个电流要由外部电路来决定。

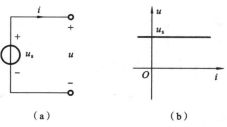

图 1-11 理想电压电源的伏安特性

对于图 1-11(a)所示电路,电压源电压 u_s 与端口电流 i 参考方向为非关联参考方向,则理想电压源发出的功率为

$$P_发 = u_s i$$

它也是外电路吸收的功率。

电压源不接外电路时,电流 i 总为 0,这种情况称为"电压源处于开路"。若令一个电压源的电压 $u_s = 0$,则此电压源的伏安特性曲线为 $u\text{-}i$ 平面上的电流轴,相当于电压源短路,但这是没有意义的,因为短路时端电压 $u = 0$ 与电压源的特性是不相符的。

1.5.2 电流源的伏安特性

图 1-12(a)所示电流源是具有伏安特性的二端元件。如图 1-12(b)所示,该特性曲线在伏安平面上是一条与 u 轴平行的直线,i_s 表示电流源的值。如果 i_s 是时间函数,则 i_s 随时间变化而变化,但它并不随工作电压的变化而变化。在任一瞬间,其伏安特性曲线总是这样一条直线。理想电流源的伏安特性的表达式为

$$i = i_s \tag{1-16}$$

式(1-16)表明电流 i 是由 i_s 决定的,与电流源两端的电压值无关,同时也说明电流源所表示的只是支路的电流,不能确定两端的电压值,这个电压是要由外部电路来决定的。

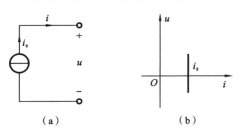

图 1-12 理想电流源的伏安特性

对于图 1-12(a)所示电路,电流源电流 i_s 与端口电压 u 参考方向为非关联参考方向,则理想电流源发出的功率为

$$P_发 = u i_s$$

它也是外电路吸收的功率。

电流源两端短路时,其端电压 $u = 0$,而 $i = i_s$,电流源的电流即为短路电流。如果令一个电流源的 $i_s = 0$,则此电流源的伏安特性曲线为 $i\text{-}u$ 平面上的电压轴,相当于开路。电流源的"开路"是没有意义的,因为开路时发出的电流 i 必须为 0,这与

电流源的特性不相符。

1.6 受控电源

若电压源电压的大小和"＋"、"－"极性，电流源电流的大小和方向都不是独立的，而是受电路中其他的电压或电流控制，则称此种电压源和电流源为非独立电压源和非独立电流源，称为受控电压源和受控电流源，统称为受控电源，简称受控源。受控源的电路图形符号用菱形框表示，为与独立源的电路图形符号相区别，如图 1-13 所示。

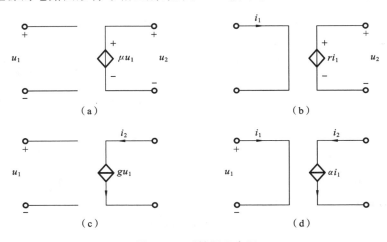

图 1-13　受控源示意图

受控源向外有两对端钮，一对为输入端钮，另一对为输出端钮。输入端钮施加控制电压或控制电流，输出端钮则输出被控制的电压或电流。因此，理想的受控源电路有以下四种类型。

（1）电压控制电压源（VCVS），如图 1-13（a）所示，其中 u_1 为控制量，u_2 为被控制量，$u_2 = \mu u_1$，$\mu = u_2 / u_1$ 为控制因子，μ 为无量纲的电压比因子。

（2）电流控制电压源（CCVS），如图 1-13（b）所示，其中 i_1 为控制量，u_2 为被控制量，$u_2 = r i_1$，$r = u_2 / i_1$ 为控制因子，单位为 Ω。

（3）电压控制电流源（VCCS），如图 1-13（c）所示，其中 u_1 为控制量，i_2 为被控制量，$i_2 = g u_1$，$g = i_2 / u_1$ 为控制因子，单位为 S。

（4）电流控制电流源（CCCS），如图 1-13（d）所示，其中 i_1 为控制量，i_2 为被控制量，$i_2 = \alpha i_1$，$\alpha = i_2 / i_1$ 为控制因子，α 为无量纲的电流比因子。

受控源实际上是有源器件（电子管、晶体管、场效应管、运算放大器等）的电路模型。

受控源在电路中的作用具有两重性：电源性与电阻性。

（1）电源性：由于受控源也是电源，因此它在电路中与独立源具有同样的外特性，其处理原则也与独立源相同。但应注意，受控源与独立源在本质上并不相同。独立源在电路中直接起激励作用，而受控源不直接起激励作用，它仅表示"控制量"与"被控制量"的关系。控制量存在，则受控源就存在；若控制量为零，则受控源也就为零。

（2）电阻性：受控源可等效为一个电阻，而此电阻可能为正值，也可能为负值，这就是受控源的电阻性。

由于受控源在电路中的作用具有两重性,所以受控源在电路分析中的处理原则有两个:

① 受控源与独立源同样对待和处理;

② 把控制量用待求的变量表示,作为辅助方程。

例 1-4　图 1-14 所示电路中,设 $\mu = 0.4$,求 i_2 的值。

解　图 1-14 所示电路含有一个受控电压源,其中,

$$u_1 = 2 \times 4 = 8 \text{ V}$$
$$u_2 = \mu u_1 = 0.4 \times 8 = 3.2 \text{ V}$$
$$i_2 = u_2 / 4 = 0.8 \text{ A}$$

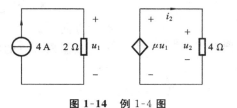

图 1-14　例 1-4 图

1.7　基尔霍夫定律

基尔霍夫提出了集总参数电路的基本定律,称为基尔霍夫电流定律(KCL)和基尔霍夫电压定律(KVL),即基尔霍夫定律是集中参数假设下的电路基本定律。下面先介绍几个名词和术语。

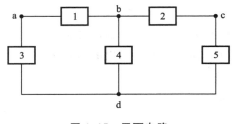

图 1-15　平面电路

1. 支路和节点

一般情况下电路中一个二端元件称为一条支路,元件的汇接点称为节点,如图 1-15 所示的 a、b、c、d 上,共有 5 条支路,4 个节点。

为了方便,也可以把支路定义为多个元件串联而成的一段电路,如图 1-15 所示的元件 1 和元件 3 串联作为一条支路,元件 2 和元件 5 的串联也作为一条支路,节点定义为 3 条或 3 条以上支路的汇接点,如 b 点和 d 点,而 a 点和 c 点就不是节点。

2. 回路

电路中任一闭合的路径都称为回路,如图 1-15 所示,由 a—b—d 回到 a,由 b—c—d 回到 b,由 a—b—c—d 回到 a 都是回路。

3. 网孔

网孔是相对平面电路而言的,图 1-15 所示的是平面电路,其中内部不含支路的回路称为网孔。上述 3 个回路中前两个回路符合网孔定义,显然第 3 个不符合网孔定义,因为内部含有元件 4 的支路。

在集总参数电路中,任何时刻通过元件的电流和元件两端的电压都是可确定的物理量。通常把通过元件的电流称为支路电流,元件的端电压称为支路电压,它们是电路分析的对象,集总参数电路的基本规律也通过它们来表示。

1.7.1　基尔霍夫电流定律

基尔霍夫电流定律也称基尔霍夫第一定律,它反映了电路的节点上各支路电流之间必须

遵循的规律。其英文缩写为 KCL(Kirchhoff's current law)。

定律内容：在任一时刻，流出电路任一节点的所有支路电流的代数和为零，即

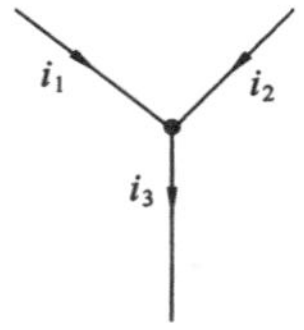

$$\sum_{k=1}^{m_0} i_k = 0$$

式中：i_k 为流出(或流入)节点的第 k 条支路电流；m_0 为与节点相连的支路数。

图 1-16 电流定律

图 1-16 所示的是电路中的某一节点，连接了 3 条支路，并标出了电流的参考方向。

若以流出节点的电流为正，则其 KCL 方程为

$$-i_1 - i_2 + i_3 = 0$$

KCL 也可表示为：在任一时刻，流入电路任一节点的支路电流之和等于流出该节点的电流之和，即

$$\sum i_入 = \sum i_出$$

KCL 的理论依据是电荷守恒原理，即电荷既不能创造也不能消灭，流进节点的电荷一定等于流出节点的电荷，因为在集总参数假设中，节点只是支路的汇接点，并不能积累电。KCL 说明了电流的连续性。

在以上的讨论中，并没有涉及支路的元件，这就是说，不论支路中有何种元件，只要连接在同一个节点上，其支路电流就按 KCL 互相制约。换言之，KCL 与支路元件的性质无关而与电路结构有关。

KCL 原是运用于节点的，也可以把它推广运用于电路中任一假设的封闭曲面。例如，在图 1-17 虚线所示封闭面中，流入或流出封闭面的电流有 i_1、i_2、i_3，根据标出的参考方向，以流入封闭面的电流为正，可列出 KCL 方程为

$$-i_1 - i_2 + i_3 = 0$$

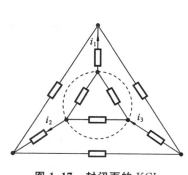

图 1-17 封闭面的 KCL

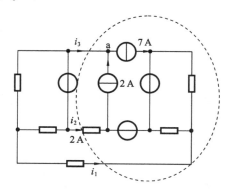

图 1-18 例 1-5 图

例 1-5 求图 1-18 所示电路中电流 i_1 和 i_3 的值。

解 (1) 由节点 a 列出 KCL 方程为

$$i_3 + 2 = 7 \text{ A}$$
$$i_3 = 5 \text{ A}$$

(2) 作封闭面如图 1-18 虚线所示，可列出

$$i_1 + i_2 + i_3 = 0$$

$$i_1 = -7 \text{ A}$$

1.7.2　基尔霍夫电压定律

基尔霍夫电压定律也称基尔霍夫第二定律,它表明在电路的闭合回路中,各支路电压之间的制约关系。其英文缩写为 KVL(Kirchhoff's voltage law)。

定律内容:在任一时刻,沿电路任一回路的所有支路电压的代数和为零,即

$$\sum_{k=1}^{n_0} u_k = 0$$

式中:u_k 为该回路中第 k 条支路的电压;n_0 为回路包含的支路数。

这一定律也可以表述为:在任一时刻,对于电路的任一回路,沿该回路的支路的电位升等于电位降,即

$$\sum u_{升} = \sum u_{降}$$

图 1-19 所示的是电路中的某一回路,连接了 5 条支路,并标出了各支路电压的参考极性。任意选定回路的绕行方向,例如,图中画出的顺时针方向,支路电压的参考极性与回路绕行方向一致的取正号,支路电压的参考极性与回路绕行方向相反的取负号。可列写 KVL 方程为

$$u_1 - u_2 - u_3 + u_4 + u_5 = 0$$

或 　　　　　　　　$$u_1 + u_4 + u_5 = u_2 + u_3$$

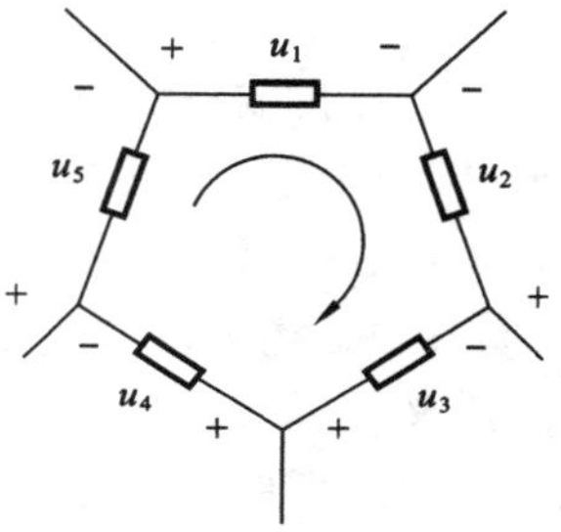

图 1-19　电压定律

上式左边为回路中电位降之和,右边为回路中电位升之和。

KVL 是能量守恒的体现。按照能量守恒定律,单位正电荷沿回路绕行一周,所获得的能量必须等于所失去的能量。单位正电荷在从高电位向低电位移动过程中失去能量,在从低电位向高电位移动过程中获得能量,所以在闭合回路中电位升必然等于电位降,即一个闭合回路中各支路电压的代数和为零。

在以上的讨论中,并没有涉及支路的元件,这就是说,不论支路中有何种元件,只要连接在同一个回路中,其支路电压就按 KVL 互相制约。换言之,KVL 与支路元件的性质无关而与电路结构有关。

总之,KCL、KVL 是电荷守恒原理和能量守恒原理在集总参数电路中的体现,KCL、KVL 只与电路的拓扑结构有关,而与各支路连接的元件性质无关。

例 1-6　电路如图 1-20 所示,求 i_1 和电压 u_{ad}。

解　(1) 对于节点 b,列写 KCL 方程为

$$i_1 = i_1 + i$$

得　　　　　　　　　　$$i = 0 \text{ A}$$

(2) 对于电路图中的左边回路,可列写 KVL 方程为

$$(2+3)i_1 = 10 - 5$$

有　　　　　　　　　　$$i_1 = 1 \text{ A}$$

最后得　　　$$u_{ad} = 3i_1 + i - 1 - 2 \times 1 = 3 \times 1 \text{ V} + 1 \times 0 \text{ V} - 3 \text{ V} = 0$$

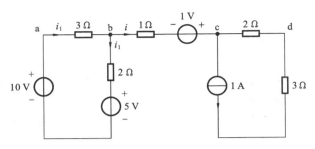

图 1-20   例 1-6 图

1.8   信号的概念

在信号传输系统或信号处理系统中传输处理的主体是信号。系统所包含的各种电路、设备所体现的则是为实施这种传输或处理的各种手段。因此，对电路、设备的设计和制造的要求，必然取决于信号的特性。随着待传输或处理的信号日益复杂，相应地，系统中的元器件、电路、设备和结构等也日益复杂。这就是信号分析具有重要研究意义的原因。

广义地说，信号是一类变化的某种物理量，它们可以是时间和其他变量的函数。只有在变化的量中才可能含有信息。最常见的电信号是随着时间变化而变化的电量，它们通常是电压或电流，在某些情况下，也可以是电荷或磁通。这类信号可表示为时间的函数，所以在信号分析中，信号和函数二词经常通用。信号可按不同方式进行分类，通常的分类如下。

1. 确定信号与随机信号

当信号依赖于变量的变化而变化并且可表示为一个确定的函数时，给定某一变量值，就可以确定相应的函数值，这样的信号就是确定信号。但是，带有信息的信号往往具有不可预知的不确定性，这样的信号就是随机信号。随机信号不是一个确定的函数，当给定某一变量值时，其函数值并不确定，而只知道此信号取某一数值的概率。严格地说，除了实验室发生的有规律的信号外，一般的信号都是随机的。因为对于接收者来说，信号如果是完全确定了的函数，就不可能通过它得到任何新的信息，因而也就失去了传输信号的目的。但是，对于确定信号的分析仍然具有重要意义，因为有些实际信号与确定信号具有相近的特性。例如，乐音在一定时间内近似于周期信号。从这一意义上来说，确定信号是一种近似的、理想化了的信号，作这样的处理，能够使问题分析大大简化，以便于工程中的实际应用。在信号传输过程中，除了人们所需要的带有信息的信号外，同时还会夹杂着如噪声、干扰等人们所不需要的信号，它们大都带有更大的随机性质。本书将主要对确定信号进行分析，对于随机信号也将作一些基本的分析，进一步的研究则留待后续课程中讨论。

2. 连续信号与离散信号

确定信号表示为确定的函数，如果在某一时间间隔内，对于一切变量值如时间值，除了若干不连续点外，该函数都给出了确定的函数值，这种信号就称为连续信号。如图 1-21(a)、(b) 所示的两个函数，都是在时间间隔 $-\infty < t < +\infty$ 内的连续信号，只是在 $t < 0$ 的范围内，二者的信号值均为零。

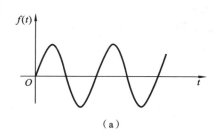 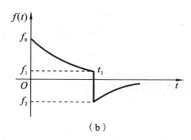

图 1-21　连续信号

这里 $t=0$ 是一个任意选取的起计时间的参考点。这种在 $t<0$ 时其值为零的函数,称为有始函数。应注意的是,连续信号中可以包含不连续点。如图 1-21(b)所示的函数 $f(t)$,在 $t=0$ 和 $t=t_1$ 处是不连续的,因在该两点处,有

$$\lim_{\varepsilon \to 0}(t+\varepsilon) \neq \lim_{\varepsilon \to 0}f(t-\varepsilon)$$

实际上,这里所谓的连续信号是指它的时间变量 t 是连续的。因此,为了更加确切,也常把这种信号称为连续时间信号。若用 $f(t_0^+)$ 表示 $\lim_{\varepsilon \to 0}f(t_0+\varepsilon)$,用 $f(t_0^-)$ 表示 $\lim_{\varepsilon \to 0}f(t_0-\varepsilon)$,则 $f(t_0^+)-f(t_0^-)$ 称作在 $t=t_0$ 处的不连续值。显然,图 1-21(b)所示信号在 $t=0$ 处的不连续值是 f_0,这是一正值;在 $t=t_1$ 处的不连续值是 f_2-f_1,是一负值。有时信号函数的不连续点也称为断点。在断点处不连续值常称为跳变值,如不连续值为正则称为正跳变,为负则称为负跳变。

和连续信号相对应的是离散信号。这里代表离散信号的时间函数只在某些不连续的时间值上给定函数值,如图 1-22 所示。图中函数 $f(t_k)$ 只在 $t_k=-1,0,1,2,$ $3\cdots$ 等离散的时刻给出函数值(图中括号内的数值)。所以,所谓离散信号,实际上指的是它的时间变量 t 取离散值 t_k,因而这种信号也常称为离散时间信号。当 $t_k<0$ 时,如果函数值 $f(t_k)$ 均为零,则这种离散时间函数也是有始的。离散时间信号可以在均匀的时间间隔上给出函

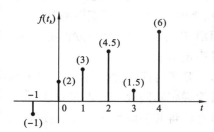

图 1-22　离散信号

数值,也可以在不均匀的时间间隔上给出函数值,但一般都采用均匀间隔。

3. 周期信号和非周期信号

用确定的函数表示的信号,又可分为周期信号和非周期信号两类。以时间周期信号为例,它是指每隔一定时间 T,周而复始且无始无终的信号。对于连续周期信号,其表示式可以写作

$$f(t)=f(t+nT), \quad n=0,\pm1,\pm2,\cdots(任意整数)$$

满足此关系式的最小 T 值称为信号的周期。只要给出此信号在任一周期内的变化过程,便可确定它在任一时刻的数值。非周期信号在时间上不具有周而复始的特性。若令周期信号的周期 T 趋于无穷大,则为非周期信号。正弦信号是最典型的周期信号,对于任意给定的频率,正弦信号总是周期的。严格数学意义上的周期信号,是无始无终地重复着某一确定变化规律的信号。当然,这样的信号实际上是不存在的,所谓周期信号只是指在较长时间内按照某一规律重复变化的信号。

4. 能量信号与功率信号

信号还可以用能量特点来加以区分。在一定的时间间隔里,把信号施加在一电阻负载上,

负载就会消耗一定的信号能量。如电阻取归一化值为 1,则信号能量即为信号的平方值在该时间间隔上的积分。把这能量值对于时间间隔取平均值,即得在此时间内信号的平均功率,即

$$W = \frac{1}{T} \int_{-T/2}^{T/2} |e(t)|^2 dt$$

现在,如果将时间间隔趋于无限大,即

$$W = \lim_{T \to +\infty} \frac{1}{T} \int_{-T/2}^{T/2} |e(t)|^2 dt$$

则一般信号均将属于下述两种情况之一:信号总能量为有限值而信号平均功率为零;信号平均功率为有限值而信号总能量为无限大。属于前一种情况的信号称为能量信号,因为对于它们,只能从能量方面去加以考察,而无法从平均功率上去考察;属于后一种情况的信号称为功率信号,对于它们,总能量就没有意义,因而只能从功率方面去加以考察。不难理解,在时间间隔无限趋大的情况下,周期信号都是功率信号,只存在于有限时间内的信号是能量信号;存在于无限时间内的非周期信号可以是能量信号,也可以是功率信号,这要根据信号是何种函数信号而定。

无论将信号如何分类,表示信号的函数一定要表征信号携带的全部信息特性。所以信号首先表现其变化特性,通常由信号随变量变化而变化的波形来描述。这里信号的特性本质上是指信号的形状特征和信号随时间变化而变化快慢的特性。所谓变化的快慢,一方面的意义是同一形状的波形重复出现的周期短或长;另一方面的意义是信号波形本身的变化速率。图 1-4 所示的是一个周期性的脉冲信号,这个信号对时间变化而变化的快慢,一方面由它的重复周期 T 表现出来;另一方面由脉冲的持续时间 τ,以及脉冲上升和下降边沿陡直的程度及幅度等表现出来。

除了时间特性外,信号还具有频率特性。对于一个复杂信号,可以用傅里叶分析法把它分解为许多不同频率的正弦分量,而每一个正弦分量则以它的振幅和相位来表征。各个正弦分量可以将其振幅和相位分别按频率高低依次排列成频谱。这样的频谱,同样也包含了信号的全部信息量。信号频谱中各分量的频率,理论上可以扩展至无限,但是由于原始信号的能量一般均集中在频率较低的分量上,导致高于某一频率的分量在工程实用上可以忽略不计。这样,每一信号的频谱都有一个有效的频率范围,这个范围称为信号的频带。

信号的频谱和信号的时间函数既然都包含了信号所含有的全部信息量,而且都能表示出信号的特点,那么信号的时间特性和频率特性之间就不可能互不相关、互相独立,而必然具有密切的联系。例如,在图 1-23 所示信号中,重复周期 T 的倒数就是周期性脉冲信号的基波频率,周期的大小分别对应低、高的基波和谐波频率。同时,脉冲持续时间 τ 和边沿的陡度决定着脉冲中的能量向高频方向分布的程度,也就是决定着信号的频带宽度。有关信号的这些特性,将在第 3 章中进一步讨论。

对于描述随机过程的随机信号,因为其具有某种程度上的不确定性,所以每次测量所得的结果在细节上都是不同的,不大可能会重复出现,因此是一组随机的过程或数据。图 1-24 所示的就是一个典型的随机过程经过四次测量所得到的结果。从图 1-24 可见,在同一时刻(例如 t_1)四次测量值都是不尽相同的。对随机信号的分析需要从统计的角度去进行讨论,并用概率方法来确定。随机信号也有连续与离散之分。对于随机信号的分析同样也可以从时间特性与频率特性两方面去进行讨论。随机信号分析的基本理论和方法将会在后续的课程里具体介绍。

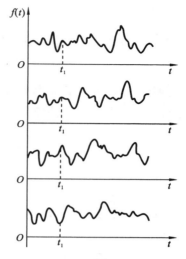

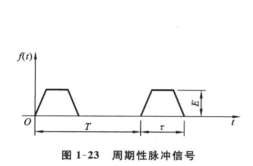

图 1-23　周期性脉冲信号

图 1-24　随机过程四次测量的结果

下面具体介绍几种后续章节中常用的连续时间信号。

1. 指数信号

指数信号的表示式为

$$f(t) = K\mathrm{e}^{at}$$

式中:a 是实数;K 为常数。若 $a>0$,信号将随时间增加而增长;若 $a<0$,信号则随时间增加而衰减。在 $a=0$ 的特殊情况下,信号不随时间变化而变化,成为直流信号。常数 K 表示指数信号在 $t=0$ 点的初始值。指数信号的波形如图 1-25 所示。

指数 a 的绝对值大小反映了信号增长或衰减的速率,$|a|$ 越大,增长或衰减的速率越快。通常,把 $|a|$ 的倒数称为指数信号的时间常数,记作 τ,即 $\tau = \dfrac{1}{|a|}$。τ 越大,指数信号增长或衰减的速率越慢。衰减指数信号在实际应用中比较常遇到,如图 1-26 所示,其表示式为

$$f(t) = \begin{cases} 0, & t<0 \\ \mathrm{e}^{-\frac{t}{\tau}}, & t \geq 0 \end{cases}$$

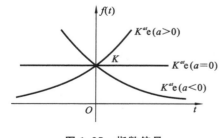

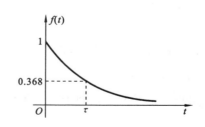

图 1-25　指数信号

图 1-26　单边指数衰减信号

在 $t=0$ 处,$f(0)=1$;在 $t=\tau$ 处,$f(\tau) = \dfrac{1}{\mathrm{e}} \approx 0.368$。也就是说,经过时间 τ,信号衰减到初始的 36.8%。指数信号的一个重要特征是它的微分和积分仍是指数形式。

2. 正弦信号

正弦信号和余弦信号二者仅在相位上相差 $\frac{\pi}{2}$,经常统称为正弦信号,一般写作

$$f(t)=K\sin(\omega t+\theta)$$

式中:K 为振幅;ω 是角频率;θ 为初相位。其波形如图 1-27 所示。

正弦信号是周期信号,其周期 T 与角频率 ω 和频率 f 满足

$$T=\frac{2\pi}{\omega}=\frac{1}{f}$$

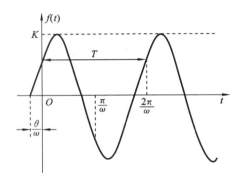

图 1-27 正弦信号   图 1-28 指数衰减的正弦信号

在信号与系统分析中,有时会遇到衰减的正弦信号,其波形如图 1-28 所示。此正弦振荡的幅度按指数规律衰减,其表示式为

$$f(t)=\begin{cases} 0, & t<0 \\ Ke^{-at}\sin(\omega t), & t\geqslant 0 \end{cases}$$

由欧拉公式可知

$$e^{j\omega t}=\cos(\omega t)+j\sin(\omega t)$$
$$e^{-j\omega t}=\cos(\omega t)-j\sin(\omega t)$$

所以正弦信号可用复指数信号表示为

$$\sin(\omega t)=\frac{1}{2j}(e^{j\omega t}-e^{-j\omega t})$$

$$\cos(\omega t)=\frac{1}{2}(e^{j\omega t}+e^{-j\omega t})$$

与指数信号的性质类似,正弦信号对时间的微分与积分仍为同频率的正弦信号。

3. 复指数信号

如果指数信号的指数因子为一复数,则称为复指数信号,其表示式为

$$f(t)=Ke^{st}$$

式中:K 为常数;

$$s=\sigma+j\omega$$

其中,σ 为复数 s 的实部,ω 为虚部。借助欧拉公式将上式展开,可得

$$Ke^{st}=Ke^{(\sigma+j\omega)t}=Ke^{\sigma t}[\cos(\omega t)+j\sin(\omega t)]$$

此结果表明，一个复指数信号可以分解为实、虚两部分。其中，实部为余弦信号，虚部则为正弦信号。指数因子的实部 σ 表征了正弦函数和余弦函数振幅随时间变化而变化的情况。若 $\sigma>0$，正弦、余弦信号是增幅振荡的；若 $\sigma<0$，正弦、余弦信号是衰减振荡的。指数因子的虚部 ω 则表示正弦、余弦信号的角频率。两个特殊情况是：当 $\sigma=0$ 时，即 s 为虚数，则正弦、余弦信号是等幅振荡的；而当 $\omega=0$ 时，即 s 为实数，则复指数信号成为一般的指数信号；若 $\sigma=0$ 且 $\omega=0$，即 s 等于零，则复指数信号的实部和虚部都与时间无关，成为直流信号。

虽然实际上不能产生复指数信号，但是它概括了多种情况，可以利用复指数信号来描述各种基本信号，如直流信号、指数信号、正弦信号或余弦信号，以及增长或衰减的正弦信号与余弦信号。利用复指数信号可以简化许多运算和分析过程。在信号分析理论中，复指数信号是一种非常重要的基本信号。

4. Sa(t)信号（采样信号）

Sa(t)信号是指由 $\sin t$ 与 t 之比构成的信号，定义为

$$\text{Sa}(t)=\frac{\sin t}{t}$$

采样函数的波形如图 1-29 所示。显然，它是一个偶函数，在 t 的正、负两方向振幅都逐渐衰减，当 $t=\pm\pi,\pm2\pi,\cdots,\pm n\pi$ 时，函数值等于零。

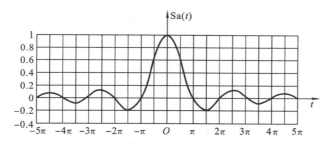

图 1-29　Sa(t)函数

Sa(t)函数还具有以下性质：

$$\int_0^{+\infty}\text{Sa}(t)\,\mathrm{d}t=\frac{\pi}{2}$$

$$\int_{-\infty}^{+\infty}\text{Sa}(t)\,\mathrm{d}t=\pi$$

一般的采样函数还可表示为 Sa(x)，即

$$\text{Sa}(x)=\frac{\sin(x)}{x}$$

5. 钟形信号

钟形信号（或称高斯函数）定义为
$$f(t)=E\mathrm{e}^{-\left(\frac{t}{\tau}\right)^2}$$

波形如图 1-30 所示。令 $t=\dfrac{\tau}{2}$ 并代入函数式，可得

$$f\left(\frac{\tau}{2}\right)=E\mathrm{e}^{-\frac{1}{4}}\approx0.78E$$

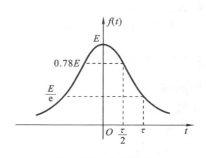

图 1-30　钟形信号

这表明当 $f(t)$ 由最大值 E 降为 $0.78E$ 时，该函数的参数 τ 所占据的时间宽度。钟形信号在随机信号分析中占有重要的地位。

1.9 信号的简单运算

所谓对信号的处理，从数学意义上来说，就是将信号经过一定的数学运算转变为另一信号。这种处理的过程可以通过算法来实现，也可以让信号通过一个实体的电路来实现。本节将介绍一些简单的信号处理方法，如叠加、相乘、平移、反褶、尺度变换等，至于对信号复杂的处理运算将在后面进行逐步介绍。

1. 信号的相加与相乘

信号叠加的现象有很多，如卡拉 OK 中演唱者的歌声与背景音乐的混合就是一种信号叠加的过程，在影视动画中添加背景音乐也是如此。但在信号传输过程中也常有不需要的干扰和噪声叠加进来，影响正常信号的传输。信号相乘则常用于如调制解调、混频、频率变换等系统的信号处理。

两个信号的相加（乘）即为两个信号的时间函数相加（乘），反映在波形上则是将相同时刻对应的函数值相加（乘）。图 1-31 所示的就是两个信号相加的一个例子。

2. 信号的延时

一般地，当信号通过多种不同路径传输时，其所用的传输时间不同，因而产生延时现象。如电视台发射的电波信号，经接收天线附近的建筑物反射再传送到天线上，它就比直接传输到天线的信号在时间上要滞后，从而造成重影现象。音频通过多路径传输则产生混响，在雷达、声纳及地震探矿中反射的信号也比发射的信号要延迟一段时间。这些都可以看作是信号在时间上的右延迟。

信号 $f(t)$ 延时 t_0 后的信号表示为 $f(t-t_0)$，显然 $f(t)$ 在 $t=0$ 时的值 $f(0)$ 在 $f(t-t_0)$ 中将出现在 $t=t_0$ 时刻，因此就其波形而言，相当于保持信号形状不变而沿时间轴右移 t_0 的距离。如 t_0 为负值则向左移动，图 1-32 所示为信号延时的示例。

3. 信号的反褶与尺度变换

当时间坐标的尺度发生变换时信号就会产生展缩，如录像带播放慢镜头时时间尺度变大造成信号展宽。而在快镜头时，时间尺度变小而造成信号压缩。倒放则造成信号反褶。

信号 $f(t)$ 经尺度变换后的信号记为 $f(at)$，其中 a 为一常数。显然在 t 为某值 t_1 时的 $f(t_1)$ 在 $f(at)$ 的波形中将出现在 $t=\dfrac{t_1}{a}$ 的位置。因此，如果 a 为正数，当 $a>1$ 时，信号波形被压缩；而 $a<1$ 时，信号波形被展宽。如 $a=-1$，则 $f(at)$ 的波形为 $f(t)$ 波形对称于坐标纵轴的反褶。当 a 为负值且不等于 -1 时，则反褶与尺度变换同时存在。图 1-33 所示的为信号的尺度变换示例。

在信号的简单处理过程中常有综合延时、反褶与尺度变换的情况，这时相应的波形分析可分步进行。分步的次序可以有所不同，但因为在处理过程中，横坐标始终是时间 t。因此，每

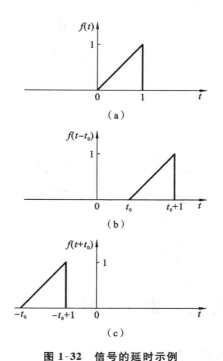

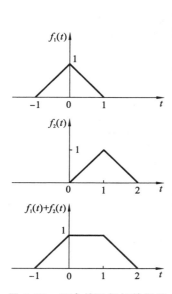

图 1-31　两个信号相加的例子

图 1-32　信号的延时示例

（a）原始信号；（b）信号右延时；（c）信号左延时

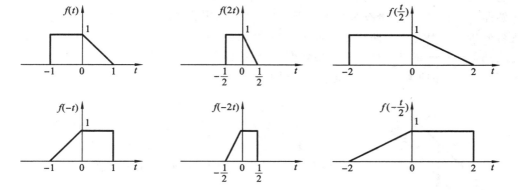

图 1-33　信号的尺度变换示例

一步的处理都应针对时间 t 进行。

例 1-7　已知信号波形如图 1-34（a）所示，试画出 $f(1-2t)$ 的波形。

解　如将 $f(t)$ 形成 $f(1-2t)$ 的过程分步为：先将 $f(t)$ 延时成 $f(1+t)$，再反褶成 $f(1-t)$，最后对其进行尺度变换得到 $f(1-2t)$。每一步产生的信号的相应波形如图 1-34（b）、（c）、（d）所示。

本题由 $f(t)$ 变成 $f(1-2t)$ 的过程，按延时、反褶、尺度变换的先后顺序，可组成各种不同的分步次序。但只要注意每一步的处理都是针对时间变量 t 进行的，则不论如何分步都可以得到相同的结果。

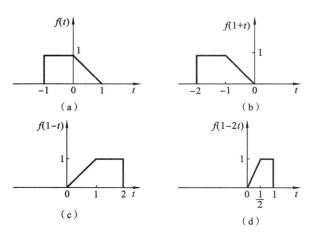

图 1-34　由信号 $f(t)$ 变成 $f(1-2t)$ 的示例

1.10　奇异信号

　　在信号与系统的分析中,经常要遇到函数本身有不连续点(跳变点)或其导数与积分有不连续点的情况,这类函数称为奇异函数或奇异信号。

　　通常的典型信号是一些抽象的数学函数,这些函数并不能精确地对实际物理信号进行描述。然而,只要把实际信号按某种条件理想化,即可运用这些函数或典型信号对其实际物理信号进行分析。本节将要介绍的是模拟实际物理过程产生的一些不同于一般典型信号的特殊函数形式的信号——奇异信号。它包括斜变信号、阶跃信号、冲激信号和冲激偶信号四种信号。其中,阶跃信号和冲激信号是两类十分重要的信号。

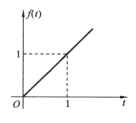

图 1-35　单位斜变信号

1. 单位斜变信号

　　斜变信号即斜变函数,是指从某一时刻开始随时间增加而正比例增长的信号。如果增长的变化率是1,就称为单位斜变信号,波形如图 1-35 所示,表示式为

$$f(t)=\begin{cases}0, & t<0 \\ t, & t\geqslant0\end{cases} \tag{1-17}$$

如果将起始点移至 t_0,则应写作

$$f(t-t_0)=\begin{cases}0, & t<t_0 \\ t-t_0, & t\geqslant t_0\end{cases} \tag{1-18}$$

其波形如图 1-36 所示。

　　在实际应用中常遇到截平的斜变信号,即在时间 τ 以后斜变波形被切平,如图 1-37 所示,其表示式为

$$f_1(t)=\begin{cases}\dfrac{K}{\tau}f(t), & t<\tau \\ K, & t\geqslant\tau\end{cases} \tag{1-19}$$

图 1-38 所示的三角脉冲也可以用斜变信号表示，写作

$$f_2(t) = \begin{cases} \dfrac{K}{\tau} f(t), & t < \tau \\ 0, & t \geqslant \tau \end{cases} \tag{1-20}$$

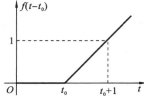

图 1-36　延时的斜变信号　　　图 1-37　截平的斜变信号　　　图 1-38　三角形脉冲信号

2. 单位阶跃信号

单位阶跃信号的波形如图 1-39(a) 所示，通常以 $\varepsilon(t)$ 表示，即

$$\varepsilon(t) = \begin{cases} 0, & t > 0 \\ 1, & t < 0 \end{cases} \tag{1-21}$$

在跳变点 $t = 0$ 处，函数值未定义。

单位阶跃函数的物理背景是，在 $t = 0$ 时刻对某一电路接入单位电源（可以是直流电压源或直流电流源），并且无限持续下去。图 1-39(b) 所示的是接入 1 V 直流电压源的情况，在接入端口处电压为阶跃信号 $\varepsilon(t)$。

如果接入电源的时间推迟到 $t = t_0 (t_0 > 0)$ 时刻，那么，该延时的单位阶跃函数表示为

$$\varepsilon(t - t_0) = \begin{cases} 0, & t < t_0 \\ 1, & t > t_0 \end{cases} \tag{1-22}$$

波形如图 1-40 所示。

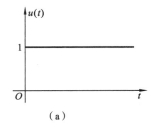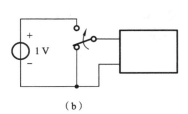

　　　　（a）　　　　　　　　　　　（b）

图 1-39　单位阶跃函数　　　　　　　　　　　图 1-40　延时的单位阶跃函数
（a）阶跃信号；（b）开关电路

根据阶跃函数的定义和特性，可得其与斜变函数、矩形函数、符号函数等的运算关系。容易证明，单位斜变函数的导数为单位阶跃函数，即

$$\frac{\mathrm{d}f(t)}{\mathrm{d}t} = \varepsilon(t)$$

通常情况下，利用阶跃信号及其延时信号之差来表示矩形函数，其波形如图 1-41(a)、(b) 所示，对于图 1-41(a) 所示信号，表示为

$$R_T(t) = \varepsilon(t) - \varepsilon(t - T) \tag{1-23}$$

式中：下标 T 表示矩形脉冲出现在 0 到 T 时刻之间。如果矩形函数对于纵坐标，左右对称，如图 1-41(b)所示，可表示为

$$G_{\mathrm{T}}(t) = \varepsilon\left(t + \frac{T}{2}\right) - \varepsilon\left(t - \frac{T}{2}\right) \tag{1-24}$$

式中：下标 T 表示其脉宽。

阶跃信号鲜明地表现出信号的单边特性，即信号在某接入时刻之前的幅度为零。利用阶跃信号这一特性，可以较方便地以数学表达式来描述各种信号的接入特性。例如，图 1-42 所示的波形，可写作

$$f_1(t) = \sin t \cdot \varepsilon(t) \tag{1-25}$$

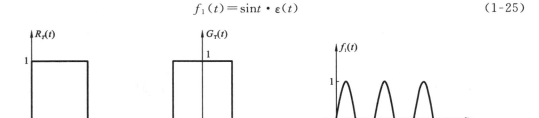

图 1-41　矩形函数

图 1-42　$\sin t \cdot \varepsilon(t)$ 波形

而图 1-43 所示的波形则表示为

$$f_2(t) = \mathrm{e}^{-t}[\varepsilon(t) - \varepsilon(t - t_0)] \tag{1-26}$$

阶跃信号还可以用来表示符号函数。符号函数简写作 $\mathrm{sgn}(t)$，其定义为

$$\mathrm{sgn}(t) = \begin{cases} 1, & t > 0 \\ -1, & t < 0 \end{cases} \tag{1-27}$$

波形如图 1-44 所示。与阶跃函数类似，对于符号函数在跳变点也可不予定义，或规定 $\mathrm{sgn}(0) = 0$。显然，可以利用阶跃信号来表示符号函数，即

$$\mathrm{sgn}(t) = 2\varepsilon(t) - 1 \tag{1-28}$$

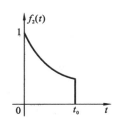

图 1-43　$\mathrm{e}^{-t}[\varepsilon(t) - \varepsilon(t - t_0)]$ 波形

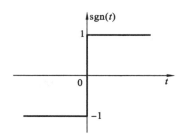

图 1-44　$\mathrm{sgn}(t)$ 信号波形

3. 单位冲激信号

某些物理现象需要用一个时间极短、取值极大的函数模型来描述，例如瞬间作用的冲击力、雷击电闪、瞬时脉冲等。冲激函数的概念就是以这类实际问题为背景而引出的。

冲激函数可用不同的方式来定义。首先分析矩形脉冲是如何演变为冲激函数的。图

1-45所示的为宽为 τ、高为 $\dfrac{1}{\tau}$ 的矩形脉冲。当保持矩形脉冲面积 $\tau \cdot \dfrac{1}{\tau} = 1$ 不变，而使脉宽 τ 趋于零时，脉冲幅度 $\dfrac{1}{\tau}$ 必趋于无穷大，此极限情况即为单位冲激函数，常记作 $\delta(t)$，又称为 δ 函数，即有

$$\delta(t) = \lim_{\tau \to 0} \frac{1}{\tau} \left[u\left(t + \frac{\tau}{2}\right) - u\left(t - \frac{\tau}{2}\right) \right] \tag{1-29}$$

冲激函数用箭头表示，如图 1-46 所示。它表明，$\delta(t)$ 只在 $t = 0$ 处有一"冲激"，在 $t = 0$ 点以外各处，函数值均为零。如果矩形脉冲的面积不是固定为 1，而是常量 E，则表示一个脉冲强度为 E 倍单位值的函数，即 $E\delta(t)$。

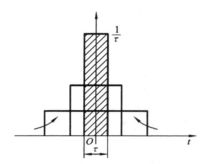

图 1-45　矩形脉冲演变为冲激函数

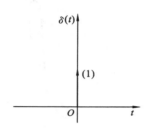

图 1-46　冲激函数 $\delta(t)$

以上利用矩形脉冲系列的极限来定义冲激函数（这种极限不同于一般的极限概念，可称为广义极限）。引出冲激函数规则函数并不仅限于矩形，也可换用其他形式。例如，如图 1-47 (a)所示，一组底宽为 2τ、高为 $\dfrac{1}{\tau}$ 的三角脉冲系列，若保持其面积等于 1，取 $\tau \to 0$ 的极限，同样可定义为冲激函数。此外，还可利用指数函数、钟形函数、采样函数等等，这些函数系列分别如图 1-47(b)、(c)、(d)所示，它们的表示式如下。

（1）三角形函数为

$$\delta(t) = \lim_{\tau \to 0} \left\{ \frac{1}{\tau} \left(1 - \frac{|t|}{\tau}\right) \left[u(t + \tau) - u(t - \tau)\right] \right\} \tag{1-30}$$

（2）双边指数函数为

$$\delta(t) = \lim_{\tau \to 0} \left(\frac{1}{2\tau} e^{-\frac{|t|}{\tau}} \right) \tag{1-31}$$

（3）钟形函数为

$$\delta(t) = \lim_{\tau \to 0} \left[\frac{1}{\tau} e^{-\pi \left(\frac{t}{\tau}\right)^2} \right] \tag{1-32}$$

（4）$\mathrm{Sa}(t)$ 信号（采样信号）冲激函数为

$$\delta(t) = \lim_{k \to 0} \left[\frac{k}{\pi} \mathrm{Sa}(t) \right] \tag{1-33}$$

在式(1-33)中，k 越大，函数的振幅越大，且离开原点时函数振荡得越快，衰减越迅速。由式(1-27)可知，曲线下的净面积保持为 1。当 $k \to \infty$ 时，得到冲激函数。

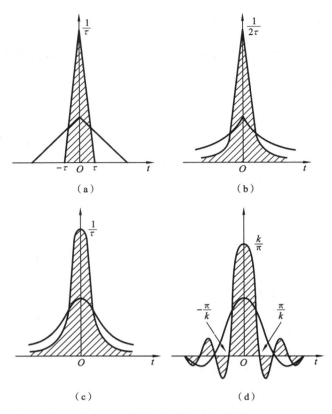

图 1-47　定义 $\delta(t)$ 的不同函数表示

(a) 三角形函数；(b) 双边指数函数；(c) 钟形函数；(d) 采样函数演变为冲激函数

狄拉克给出了冲激函数的另一种定义为

$$\left.\begin{array}{r} \int_{-\infty}^{+\infty}\delta(t)\mathrm{d}t = 1 \\[2mm] \delta(t) = 0, \quad t \neq 0 \end{array}\right\} \tag{1-34}$$

因此,单位脉冲函数也称狄拉克函数。

按照上述讨论,为描述在任一点处出现的冲激,有如下对于 $\delta(t-t_0)$ 函数的定义为

$$\left.\begin{array}{r} \int_{-\infty}^{+\infty}\delta(t-t_0)\mathrm{d}t = 1 \\[2mm] \delta(t-t_0) = 0, \quad t \neq t_0 \end{array}\right\} \tag{1-35}$$

此信号函数如图 1-48 所示。

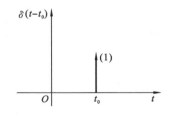

图 1-48　t_0 时刻出现的冲激 $\delta(t-t_0)$

现在来考虑任何一个函数 $f(t)$ 乘以单位冲激函数后在 $-\infty < t < +\infty$ 范围内进行积分的情况。因为除 $t=0$ 外,在其他所有 t 值处 $\delta(t)$ 均为零,则乘积 $f(t)\delta(t)$ 仅在 $t=0$ 处得到 $f(0)\delta(t)$,其余各点乘积均为零,于是冲激函数具有如下性质:

$$\int_{-\infty}^{+\infty}\delta(t)f(t)\mathrm{d}t = \int_{-\infty}^{+\infty}\delta(t)f(0)\mathrm{d}t = f(0)\int_{-\infty}^{+\infty}\delta(t)\mathrm{d}t = f(0) \tag{1-36}$$

显然,函数 $f(t)$ 必须在 $t=0$ 处是连续的,式(1-36)才有意义。利用这个性质,可以对单位冲激

函数 $\delta(t)$ 作严格的定义,即 $\delta(t)$ 是具有

$$\int_{-\infty}^{+\infty} \delta(t) f(t) \mathrm{d}t = f(0) \tag{1-37}$$

这样一种性质的函数。在式(1-37)里,函数 $\delta(t)$ 是通过它在积分运算中对另一函数的作用来定义的。该函数不同于定义在线性空间上的实值函数(即普通函数),其作用的函数空间更加抽象。这样的函数不是通常意义上的函数,而是所谓的广义函数或称为分配函数。

由式(1-37)推广,可得

$$\int_{-\infty}^{+\infty} \delta(t - t_0) f(t) \mathrm{d}t = f(t_0) \tag{1-38}$$

同样,这时在 $t = t_0$ 处,函数 $f(t)$ 应为连续的。由此可见,用单位冲激响应函数对某一函数 $f(x)$ 进行采样,等于该函数在 t_0 时刻的冲激响应。因此,随着冲激函数的移动,可以对函数的任意时刻进行采样。单位冲激函数的这种性质称为采样性质。

冲激函数的积分等于阶跃函数,因为由式(1-34)可知

$$\begin{cases} \int_{-\infty}^{t} \delta(\tau) \mathrm{d}\tau = 1, & t > 0 \\ \int_{-\infty}^{t} \delta(\tau) \mathrm{d}\tau = 0, & t < 0 \end{cases}$$

将这对公式与阶跃函数的定义式作比较,可得出

$$\int_{-\infty}^{t} \delta(\tau) \mathrm{d}\tau = \varepsilon(t) \tag{1-39}$$

反过来,冲激函数是阶跃函数的导数,即

$$\frac{\mathrm{d}\varepsilon(t)}{\mathrm{d}t} = \delta(t) \tag{1-40}$$

此结论也可作如下解释:阶跃函数在除 $t = 0$ 以外的各点都取固定值,其变化率都等于零。而在不连续点,此跳变的微分对应在零点的冲激。

例 1-8 计算下列函数的值。

(1) $f(t) = \int_{-\infty}^{+\infty} \delta(t-1) \mathrm{d}t$; (2) $f(t) = \int_{-1}^{0} 3\delta(t-1) \mathrm{d}t$; (3) $f(t) = \int_{-1}^{1} \delta(3t-1) \mathrm{d}t$。

解 (1) 根据式(1-35),此冲激出现在 $t = 1$ 的位置,根据给定的积分区域,可得

$$f(t) = \int_{-\infty}^{+\infty} \delta(t-1) \mathrm{d}t = 1$$

(2) 因 $f(t) = \int_{-1}^{0} 3\delta(t-1) \mathrm{d}t$ 的积分定义区域不包含冲激,故

$$f(t) = \int_{-1}^{0} 3\delta(t-1) \mathrm{d}t = 0$$

(3) 积分式可表示为 $f(t) = \int_{-1}^{1} \delta(3t-1) \mathrm{d}t = \frac{1}{3} \int_{-1}^{1} \delta\left(3\left(t-\frac{1}{3}\right)\right) \mathrm{d}\left(3\left(t-\frac{1}{3}\right)\right)$,令

$$3\left(t - \frac{1}{3}\right) = x$$

则当积分上下限 $t = \pm 1$ 时,相应的 $x = 2$、-4,即

$$f(t) = \int_{-1}^{1} \delta(3t-1) \mathrm{d}t = \frac{1}{3} \int_{-4}^{2} \delta(x) \mathrm{d}(x) = \frac{1}{3}$$

现在来考察一个电路问题,试从物理方面理解单位冲激函数的意义。在图 1-49 所示电路中,电压源 $u_C(t)$ 接向电容元件 C,假定 $u_C(t)$ 是截平的斜变信号,得

$$u_C(t) = \begin{cases} 0, & t \leqslant -\dfrac{\tau}{2} \\ \dfrac{1}{\tau}\left(t + \dfrac{\tau}{2}\right), & -\dfrac{\tau}{2} < t \leqslant \dfrac{\tau}{2} \\ 1, & t > \dfrac{\tau}{2} \end{cases}$$

波形如图 1-50(a)所示。电流的表示式为

$$i_C(t) = C\frac{\mathrm{d}u_C(t)}{\mathrm{d}t} = \frac{C}{\tau}\left[\varepsilon\left(t + \frac{\tau}{2}\right) - \varepsilon\left(t - \frac{\tau}{2}\right)\right] \tag{1-41}$$

此电流波形为矩形脉冲,波形如图 1-50(b)所示。

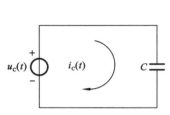

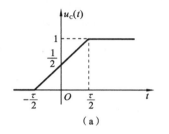

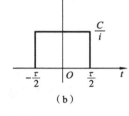

图 1-49　电压源接向电容元件　　　　　　**图 1-50　$u_C(t)$ 和 $i_C(t)$ 的波形**

当 τ 逐渐减小,$i_C(t)$ 的脉冲宽度也随之减小,而其高度 $\dfrac{C}{\tau}$ 则相应加大,电流脉冲的面积 $\tau \cdot \dfrac{C}{\tau} = C$ 应保持不变。如果取 $\tau \to 0$ 的极限情况,则 $u_C(t)$ 为阶跃信号,它的微分——电流 $i_C(t)$ 为冲激函数,其表示式为

$$i_C(t) = \lim_{\tau \to 0}\left\{C\frac{\mathrm{d}u_C(t)}{\mathrm{d}t}\right\} = \lim_{\tau \to 0}\left\{\frac{C}{\tau}\left[\varepsilon\left(t + \frac{\tau}{2}\right) - \varepsilon\left(t - \frac{\tau}{2}\right)\right]\right\} = C\delta(t) \tag{1-42}$$

此变化过程的波形如图 1-51 所示。

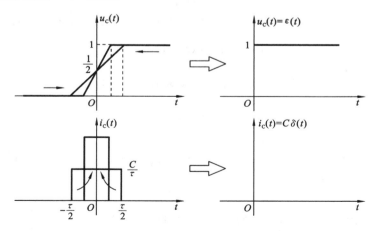

图 1-51　$\tau \to 0$ 时 $u_C(t)$ 和 $i_C(t)$ 的波形

式(1-42)表明,若要使电容两端在无限短时间内建立一定的电压,那么,在此无限短时间内必须提供足够的电荷,这就需要一个冲激电流。或者说,由于冲激电流的出现,允许电容两端电压产生跳变。

4. 冲激偶信号

冲激函数的微分将呈现正、负极性的一对冲激,称为冲激偶,用 $\delta'(t)$ 表示。可以利用规则函数系列取极限的概念引出 $\delta'(t)$,在此借助三角脉冲系列,其波形如图 1-52 所示。三角脉冲 $s(t)$ 的底宽为 2τ,高度为 $\frac{1}{\tau}$。当 $\tau \to 0$ 时,$s(t)$ 为单位冲激函数 $\delta(t)$。在图 1-52 左下端画出波形 $\frac{ds(t)}{dt}$,它是正、负极性的两个矩形脉冲,称为脉冲偶对。其宽度都为 τ,高度分别为 $\pm\frac{1}{\tau^2}$,面积都为 $\frac{1}{\tau}$。随着 τ 减小,脉冲偶对宽度变窄、幅度增高,面积为 $\frac{1}{\tau}$。当 $\tau \to 0$ 时,因 $\frac{ds(t)}{dt}$ 是正、负极性的两个冲激函数,所以其强度均为无限大,如图 1-52 右下端所示,这就是冲激偶 $\delta'(t)$。

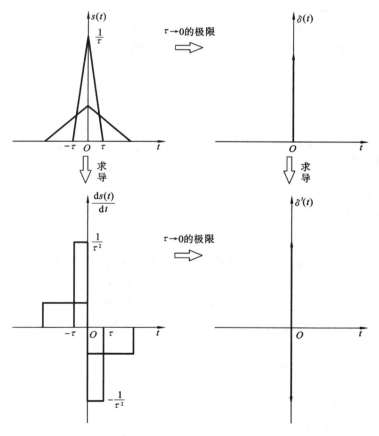

图 1-52 冲激偶的形成

由以上讨论可知,单位冲激偶是这样一种函数:当 t 从负值趋于零时,它是一强度为无限大的正冲激函数;当 t 从正值趋于零时,它是一强度为无限大的负冲激函数。

1.11　系统的概念

所谓系统,不仅局限于电类系统,它也包括诸如机械系统、化工系统之类的其他物理系统,还包括像生产管理、交通运输等社会经济方面的系统。从一般意义上说,系统是一个由若干个互有关联的单元组成的并具有某种功能以用来达到某些特定目的的有机整体。例如,它的组成单元可以是一些巨大的机器设备,甚至把参加工作的人也包括进去,这些单元组织成为一个庞大的体系去完成某种极其复杂的任务;对于电类系统而言,简单的系统组成单元可以仅仅是一些电阻、电容元件,把它们连接起来成为具有某种简单功能的电路。一般由一些相互关联、相互制约的基本单元组成的系统也可以是非物理实体。所以系统的意义十分广泛。

本书的重点是以电类系统为例对信号与系统进行介绍与分析。这类系统常常是各种不同复杂程度的用作信号传输与处理的元件或部件的组合体。通常的概念,一般是把系统看成比电路更为复杂、规模更大的组合。但实际上却很难从复杂程度或规模大小来确切地区分什么是电路、什么是系统,这二者的区别是观点上、处理问题的角度上的差别。电路的观点,着重在电路中各支路或回路的电流及各节点的电压上;而系统的观点,则着重在输入、输出间的关系或者运算功能上。因此一个 RC 电路也可以认为是一个初级的信号处理系统,它在一定的条件下具有微分或积分的运算功能。在信号处理与传输技术中,一般都是从系统的观点去分析问题的。

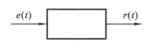

图 1-53　系统表示图

系统可以用图 1-53 所示的方框图来表示。图中的方框代表某种系统;$e(t)$ 是输入信号的函数,称为激励;$r(t)$ 是输出信号的函数,称为响应。这里所表示的是单输入-单输出的系统,复杂的系统可以有多个输入和多个输出。本书主要介绍的就是这一类系统。

系统的功能和特性可由系统的结构和参数来体现,其激励和响应可以反映出系统的这种功能和特性。不同的系统一般具有不同的特性。按照系统的特性,可作如下分类。

1. 线性系统和非线性系统

一般来说,线性系统是由线性元件组成的系统,非线性系统则是含有非线性元件的系统。但是,有的含有非线性元件的系统在一定的工作条件下,也可以看成是线性系统。所以,对于线性系统来说应该由它的特性来规定其确切的意义。所谓线性系统是同时具有齐次性和叠加性的系统。齐次性表示,当输入激励改变为原来的 k 倍时,输出响应也相应地改变为原来的 k 倍,这里 k 为任意常数。也就是说,如果由激励 $e(t)$ 产生的系统响应是 $r(t)$,则由激励 $ke(t)$ 产生的系统响应是 $kr(t)$,或者用符号表示为

$$若 \qquad\qquad e(t) \rightarrow r(t)$$
$$则 \qquad\qquad ke(t) \rightarrow kr(t) \tag{1-43}$$

叠加性表示,当有几个激励同时作用于系统时,系统的总响应等于各个激励分别作用于系统所产生的分量响应之和。如果 $r_1(t)$ 为系统在 $e_1(t)$ 单独作用时的响应,$r_2(t)$ 为同系统在 $e_2(t)$ 单独作用时的响应,则在激励 $e_1(t)+e_2(t)$ 作用时此系统的响应为 $r_1(t)+r_2(t)$。或者用符号表示为

若 $$e_1(t) \rightarrow r_1(t), \quad e_2(t) \rightarrow r_2(t)$$

则 $$e_1(t) + e_2(t) \rightarrow r_1(t) + r_2(t) \tag{1-44}$$

在一般情况下,符合叠加条件的系统同时也具有齐次性,电系统就属于这种情况,但也存在不同时具备齐次性和叠加性的系统。将式(1-43)与式(1-44)合并起来,就可得到线性系统应当具有的特性为

若 $$e_1(t) \rightarrow r_1(t), \quad e_2(t) \rightarrow r_2(t)$$

则 $$k_1 e_1(t) + k_2 e_2(t) \rightarrow k_1 r_1(t) + k_2 r_2(t) \tag{1-45}$$

或者说,具有这种特性的系统,就称为线性系统。非线性系统则不具有上述特性。

对于初始状态不为零的系统,如将初始状态视为独立于信号源产生的响应,则运用叠加性。系统的全响应将可分为零输入响应与零状态响应等两部分,即

$$r(t) = r_{zi}(t) + r_{zs}(t) \tag{1-46}$$

式中:$r_{zi}(t)$ 为外加激励为零时由初始状态单独作用产生的响应,称为系统的零输入响应;$r_{zs}(t)$ 为初始状态为零时由外加激励单独作用产生的响应,称为系统的零状态响应。式(1-46)有时也称为分解性等式。如果系统的 $r_{zi}(t)$ 与 $r_{zs}(t)$ 都满足式(1-45)的线性要求,即系统是具有分解性的同时还具有零输入线性与零状态线性,则该系统仍为线性系统。

2. 非时变系统和时变系统

系统又可根据其中是否包含参数随时间变化而变化的元件而分为非时变系统和时变系统两类。非时变系统又称时不变系统或定常系统,它的性质不随时间变化而变化,或者说,它具有响应的形状不随激励施加的时间不同而改变的特性。这种系统是由定常参数的元件构成的,例如通常的电阻 R、电容 C 等均视为非时变的。时变系统包含时变元件,这些元件的参数是某种时间的函数。例如,变容元器件的电容量就是受某种外界因素控制而随时间变化而变化的。时变系统的参数随时间变化而变化,所以它的性质也随时间变化而变化。设非时变系统对于激励 $e(t)$ 的响应是 $r(t)$,则当激励延迟一段时间而成为 $e(t-t_0)$ 时,其响应也会延迟相同的时间但形状不变,成为 $r(t-t_0)$,如图 1-54 所示。或者表示为

若 $$e(t) \rightarrow r(t)$$

则 $$e(t-t_0) \rightarrow r(t-t_0) \tag{1-47}$$

式(1-47)是区分系统是否时变的依据,系统若具有式(1-47)表示的性质,则为非时变系统,不具有上述性质,则为时变系统。

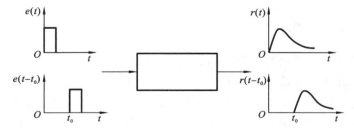

图 1-54 非时变系统的激励和响应

系统是否线性和是否时变是两个互不相关的独立概念,线性系统可以是非时变的或者是时变的,非线性系统也可以是非时变的或者是时变的。如果将式(1-45)和式(1-47)合并,可得线性非时变系统的特性为

若 $\qquad$ $e_1(t) \rightarrow r_1(t), \quad e_2(t) \rightarrow r_2(t)$

则 $\qquad$ $k_1 e_1(t-t_1) + k_2 e_2(t-t_2) \rightarrow k_1 r_1(t-t_1) + k_2 r_2(t-t_2)$ $\qquad$ (1-48)

3. 连续时间系统与离散时间系统

连续时间系统和离散时间系统是根据它们所传输和处理的信号的性质而决定的。前者传输和处理连续信号,它的激励和响应在连续时间的一切值上都有确定的意义;而后者的激励和响应信号则是不连续的离散序列。例如,数字计算机就是一种典型的离散时间系统。在实际工作中,离散时间系统常常与连续时间系统联合运用,同时包含这二者的系统称为混合系统,数字通信系统和用微机来进行控制的自动控制系统等都属此类。连续时间系统和离散时间系统都可以是线性的或非线性的,同时也可以是非时变的或时变的。

4. 因果系统和非因果系统

人们生活的世界,所有事物的发展都必须遵循因果规律。一切物理现象,都要满足先有原因然后产生结果这样一个显而易见的因果关系,结果不能早于原因出现。对于一个系统,激励是原因,响应是结果,响应不可能出现于施加激励之前。所以响应先于激励的系统是不存在的,也就是在物理上是不可实现的。

符合因果规律的系统称为因果系统,不符合因果规律的系统称为非因果系统。例如若 $r'(t) = e(t+1)$,则该系统在 $t=0$ 时的输出 $r(0) = \int_{-\infty}^{0} e(\tau+1)\mathrm{d}\tau = \int_{-\infty}^{1} e(\tau)\mathrm{d}\tau$,与从 $t=-\infty$ 开始到 $t=1$ 时为止的激励有关,显然该系统为非因果系统。若 $r'(t) = e(t-1)$,则该系统为因果系统。

系统还可以按照它们的参数是集总或分布分为集总参数系统和分布参数系统两类;可以按照系统内是否含源而分为无源系统和有源系统两类;可以按照系统内是否含有记忆元件而分为即时系统和动态系统两类。这些已为读者所熟悉,不再赘述。

本书主要研究集总参数的动态、线性非时变的连续时间和离散时间系统。至于分布参数的、非线性的和时变的系统,将会在其他课程中讨论。

1.12　电路、信号与系统的相互关系

1.12.1　电路与系统

系统的概念并不局限于电路,其涉及的范围十分广泛,如生态系统、经济系统、管理系统等。本书研究由电路所构成的电路系统。

(1)电路是电路系统功能的具体实现。给定系统的功能,可以通过多种电路实现。譬如,多种功能相同的电子电气设备,其具体电路可以不一样。系统分析和设计更多关心的是系统对外所表现出来的功能和特性,常常将实现系统功能的具体电路视为一个黑匣子。

(2)系统问题关注全局,电路问题则关心局部。例如,仅由一个电阻和一个电容组成的简单电路,在电路分析中,注意其各支路的电流和电压;而从系统的观点来看,可以研究它如何构成微分或积分功能的运算器。

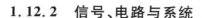

1.12.2 信号、电路与系统

信号、电路与系统之间有着十分密切的联系。离开了信号,电路与系统将失去意义。电路系统中的信号通常是电路中的电压和电流。

(1) 作为消息的运载工具,信号需要电路或系统来实现传输和加工。从传输的观点来看,信号通过系统后,系统的运算作用使信号的时间特性及频率特性发生变化,从而产生新的信号。从系统响应的观点来看,系统在信号的激励下,将做出相应的反应,从而完成系统的运算作用。

(2) 系统的主要任务是对信号进行传输与处理,分析系统的功能和特性必然首先涉及对信号的分析。信号分析与系统分析联系密切又各有侧重,信号分析侧重于讨论信号的表示、性质、特征;系统分析则着重于系统的特性、功能。

(3) 信号的类别取决于系统所要实现的功能。譬如,模拟通信系统要求输入信号和输出信号均为模拟信号,数字通信系统则要求输入信号和输出信号均是数字信号。另一方面,电路类型通常取决于系统输入与输出的信号类别,即针对系统输入和输出不同类别信号的特点,设计相应类型的电路。例如:各种类别信号的发生电路、用于处理模拟信号的模拟电路和用于加工数字信号的数字电路等。

1.13 线性非时变系统的分析

系统分析的任务,通常是在给定了系统的结构和参数的情况下去研究系统的特性,包括已知系统的输入激励,欲求系统的输出响应;有时也可以从已给的系统激励和响应去分析系统应有的特性。知道了系统的特性,就有可能去进一步综合这个系统,但综合任务一般不属于分析的范畴。

在系统理论中,线性非时变系统的分析占有特殊的重要地位。首先,因为许多实用的系统具有线性非时变的特性,或者人们希望其具有这种特性。有些非线性系统在一定的工作条件下,也近似地具有线性系统的特性,因而可以用线性系统的分析方法来加以处理,例如在小信号工作条件下的线性放大器。其次,系统理论只对线性非时变系统建立了一套完整的分析方法,而对于时变的、尤其是非线性的系统的分析,都存在一定的困难,实用的非线性系统和时变系统的分析方法,大多是在线性非时变系统分析方法的基础上加以引申得来的。此外就综合而言,由于线性非时变系统易于综合实现,因此工程上许多重要的问题都是基于逼近线性模型来进行设计而得到解决的。

为了能够对系统进行分析,需要把系统的工作表达为数学形式,即建立系统的数学模型,这是进行系统分析的第一步。有了数学模型,第二步就可以运用数学方法去处理,例如解出系统在一定的初始条件和一定的输入激励下的输出响应。第三步再对所得的数学解给予物理解释,赋予物理意义。下面将对其作扼要说明。

模型并非物理实体,它是由一些理想元件组成的,每个理想元件各代表着系统的一种特性。这些理想元件的连接不必与系统中实际元件的组成结构完全相当,但它们结合的总体所呈现的特性与实际系统的特性应该相近。也仅仅是从这些特性的角度来看,模型才近似地代

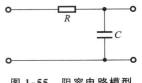

图 1-55　阻容电路模型

表了系统。

　　例如由一个电阻器和一个电容器串联而成的电路,通常用如图 1-55 所示的电路图来代表,这就是一个模型。对于这样一个电路图,一般理解为 R 代表电阻器的阻值,C 代表电容器的容量。其实,这只是在频率较低时的一种近似,或者说,这个电路图是实际电路的一个低频模型。因为实际的电阻器具有分布电容和引线电感,实际的电容器还具有漏电导和引线电感,当工作频率较高时,这些因素都必须考虑。这时,单独一个电阻器或电容器本身就要用若干个理想元件组成的等效电路来表示,所以实际阻容电路的高频模型就会比低频模型复杂得多。当工作频率更高时,电路将呈现分布参数的特性,就无法用集总参数的模型来表示了。

　　如大家所熟悉的,电路理论中常用的理想元件有理想电阻、理想电容、理想电感、理想变压器等。每一个理想元件所代表的物理特性,表示为端子上电压电流间的一定运算关系。例如,电阻端电压为 $u(t)=Ri$,电容端电压为 $u(t)=\dfrac{q}{C}=\dfrac{1}{C}\displaystyle\int_{-\infty}^{t}i(\tau)\mathrm{d}\tau$,流过电感的电流为 $i(t)=\dfrac{\Phi}{L}=\dfrac{1}{L}\displaystyle\int_{-\infty}^{t}u(\tau)\mathrm{d}\tau$ 等,式中:R、C、L 分别为电阻、电容、电感,q、Φ 分别为电荷和磁通量。除了理想的无源元件外,还有理想有源元件,包括理想电压源、理想电流源,以及各种理想受控源。以上所述,都是电路模型中常见的理想元件。作为系统模型的基本组成部分,还有一些理想的运算单元,常见的有标量乘法器、积分器、延时器、加法器、乘法器等,它们中的每一种完成一种运算功能。例如,标量乘法器的输出信号是输入信号的 K 倍,加法器的输出信号是若干个输入信号之和等。这些理想的运算器的特性,可以用实际的电路做得很接近。它们本身都各是一个子系统,另一方面又可用来作为系统模型的基本单元。这些基本单元常常抽象地用如图 1-56 所示的基本图形符号和文字符号表示,并标上输入、输出信号的流向。

　　根据系统的物理特性,把理想元件或理想运算器加以组合连接,就可构成常见的电路图,或者系统的模拟图,这些图就是用图形符号表示的系统模型。应用基尔霍夫定律,即可由电路图写出电路方程;由系统的模拟图也可直接写出系统方程。如图 1-55 所示的 RC 电路在输入端加上一电压源 $e(t)$,而以电容上的电压作为输出,则由基尔霍夫电压定律不难写出该系统的输入-输出方程为

$$\frac{\mathrm{d}u_{\mathrm{C}}(t)}{\mathrm{d}t}+\frac{1}{RC}u_{\mathrm{C}}(t)=\frac{1}{RC}e(t)$$

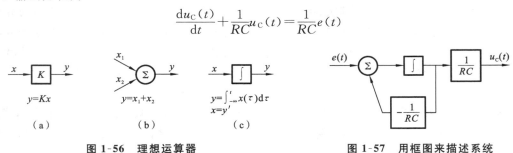

图 1-56　理想运算器　　　　　　　图 1-57　用框图来描述系统
（a）标量乘法器;（b）加法器;（c）积分器

　　同样地,如用加法器、标量乘法器及积分器按图 1-57 所示连接构成一连续时间系统,由图 1-55 所示的 RC 电路组成的系统与图 1-57 所示框图描述的系统是等效的。有关用模拟框图来描述系统的内容,将在后续章节进行进一步的讨论。电路方程和系统方程是用数学形式表

示的电路和系统的模型,称为数学模型,它们描述了电路和系统的工作情况。有了这种数学模型,才有可能对系统进行数学分析。因此,能否建立一个合理的数学模型,成为近代科学研究中是否能对各种系统进行科学分析的一个首要问题。所幸,在电路和系统中,前人已经找到了许多合用的理想元件,还有像基尔霍夫定律那样精确的物理定律可应用,使得建立系统的数学模型的工作较易进行。但在其他某些学科领域中,这项工作就可能会进行得十分困难。

在连续时间系统中,线性动态系统的数学模型是线性微分方程,非线性系统的数学模型则是非线性微分方程;线性非时变系统的数学模型是常系数线性微分方程,时变系统的微分方程的系数是独立的时间函数。根据建立数学模型时选取变量的观点和方法不同,系统的微分方程可以是输入-输出方程,也可以是状态方程。为了分析线性非时变的连续时间系统,即从一定的初始条件和一定的激励下求取系统响应,就必须求解描述该系统的常系数线性微分方程。对于在复杂信号激励下的系统,用古典的求微分方程解的系统分析方法很难对该系统进行求解。通常系统分析主要用频域分析方法和复频域分析方法。现在,时域法和变换域法(频域分析方法和复频域分析方法)是系统分析的两种并重的方法。以后将看到,这两种分析方法都是建立在线性叠加以及系统参数不随时间变化而变化等基本概念上的。但为行文简洁,今后除有可能引起混淆的地方外,所谓线性系统的分析,一般就是指线性非时变系统的分析。

随着数字计算机的普遍应用,数值计算变得迅速易行了,而且卷积分析方法在离散系统分析中也占有了重要的地位。对于线性离散时间系统而言,它的数学模型是线性差分方程,差分方程也可以是输入-输出方程或状态方程。求解差分方程也可以用时域法或变换域法,而变换域法可以是 Z 变换或其他变换方法。

作为工程技术的分析,常常不能以由数学模型求得数学解为满足,还要进一步从中引出有用的物理结论和重要概念。例如,在许多情况下,要考察这个作为系统响应的解怎样受系统参数的影响,研究为了使系统响应达到所希望的要求应该采取何种措施等问题。建立数学模型的工作要结合具体的系统来进行。

本书的主要内容及各部分内容衔接关系与分析主线可由图 1-58 所示流程来表示,分析的对象分为两大类:连续信号与系统、离散信号与系统,重点是确定信号与线性非时变系统。本书主要的分析手段是时域分析和变换域分析,运用的数学模型是输入-输出法和状态变量法。其详细内容会在后面章节作介绍和具体分析。

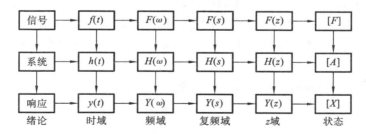

图 1-58　本书分析主线

习　题

1. 说明图题 1(a)、(b)所示电路中,(1) u、i 的参考方向是否关联? (2) 乘积 ui 表示什么功率？（3）如果在图题 1(a)所示电路中 $u>0,i<0$；图题 1(b)所示电路中 $u>0,i>0$,元件实际是发出还是吸收功率？

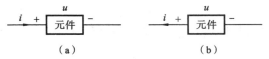

图题 1

2. 试确定图题 2 所示电路是否满足功率平衡？

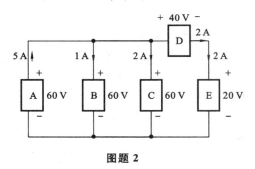

图题 2

3. 在指定的电压 u 和电流 i 参考方向下,写出图题 3 所示各元件的约束方程(元件的组成关系)。

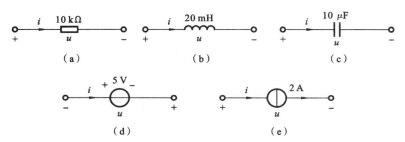

图题 3

4. 电路如图题 4 所示,其中 $i_s=2$ A,$u_s=10$ V。

（1）求 2 A 电流源和 10 V 电压源的功率；

（2）如果要求 2 A 电流源的功率为零,在 AB 线段内应插入何种元件？ 分析各元件的功率；

（3）如果要求 10 V 电压源的功率为零,则应在 BC 间并联何种元件？ 分析此时各元件的功率。

5. 试求图题 5 所示电路中每个元件的功率。

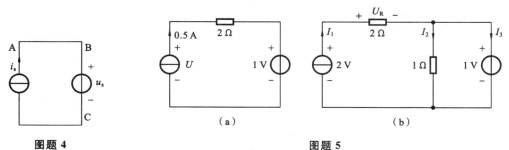

图题 4　　　　　　　　　　　　　　　　　　　　　**图题 5**

6. 电路如图题 6 所示，试求电流 i_1 和 u_{ab}。

7. 对图题 7 所示电路：已知 $R=2\ \Omega$，$i_1=1\ A$，求电流 i。

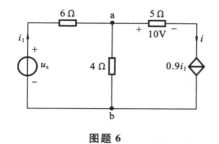

图题 6

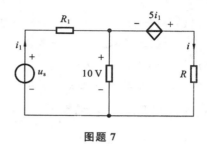

图题 7

8. 试求图题 8 所示电路中控制量 I_1 及 U_0。

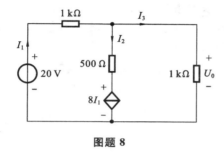

图题 8

9. 说明下列信号是周期信号还是非周期信号。若是周期信号，求其周期 T。

(1) $a\sin t - b\sin(3t)$

(2) $a\sin(4t) + b\cos(7t)$

(3) $a\sin(3t) + b\cos(\pi t)$，$\pi \approx 3$ 和 $\pi \approx 3.141\cdots$

(4) $a\cos(\pi t) + b\sin(2\pi t)$

(5) $a\sin\left(\dfrac{5t}{2}\right) + b\cos\left(\dfrac{6t}{5}\right) + c\sin\left(\dfrac{t}{7}\right)$

(6) $[a\sin(2t)]^2$

(7) $[a\sin(2t) + b\sin(5t)]^2$

10. 说明下列哪些信号是周期信号，哪些是非周期信号；哪些是能量信号，哪些是功率信号。并计算它们的能量或平均功率。

(1) $f(t) = \begin{cases} 5\cos(10\pi t), & t>0 \\ 0, & t\leqslant 0 \end{cases}$

(2) $f(t) = \begin{cases} 8e^{-4t}, & t\geqslant 0 \\ 0, & t<0 \end{cases}$

(3) $f(t) = 5\sin(2\pi t) + 10\sin(3\pi t)$，$-\infty < t < +\infty$

(4) $f(t) = 20e^{-10|t|}\cos(\pi t)$，$-\infty < t < +\infty$

(5) $f(t) = \cos(5\pi t) + 2\sin(2\pi^2 t)$，$-\infty < t < +\infty$

11. 粗略绘出下列函数式表示的信号波形。

(1) $f(t) = 3 - e^{-t}$，$t>0$

(2) $f(t) = 5e^{-t} + 3e^{-2t}$，$t>0$

(3) $f(t) = e^{-t}\sin(2\pi t)$, $0 < t < 3$

(4) $f(t) = \dfrac{\sin(at)}{at}$, $-\infty < t < +\infty$

(5) $f(k) = (-2)^{-k}$, $0 < k \leqslant 6, k$ 是整数

(6) $f(k) = e^k$, $0 \leqslant k < 5, k$ 是整数

(7) $f(k) = k$, $0 < k < n$

12. 证明线性非时变系统有如下特性:若系统在激励 $e(t)$ 作用下响应为 $r(t)$,则当激励为 $\dfrac{\mathrm{d}e(t)}{\mathrm{d}t}$ 时响应必为 $\dfrac{\mathrm{d}r(t)}{\mathrm{d}t}$。提示:$\dfrac{\mathrm{d}f(t)}{\mathrm{d}t} = \lim\limits_{\Delta t \to 0} \dfrac{f(t) - f(t-\Delta t)}{\Delta t}$。

13. 一线性非时变系统具有非零的初始状态。已知当激励为 $e(t)$ 时,系统的全响应为 $r_1(t) = e^{-t} + 2\cos(\pi t), t > 0$;若初始状态不变,当激励为 $2e(t)$ 时,系统的全响应为 $r_2(t) = 3\cos(\pi t), t > 0$。求在同样初始状态条件下,如果激励为 $3e(t)$ 时,系统的全响应为 $r_3(t)$。

14. 一具有两个初始条件 $x_1(0)$、$x_2(0)$ 的线性非时变系统,其激励为 $e(t)$,输出响应为 $r(t)$,已知:

(1) 当 $e(t) = 0, x_1(0) = 5, x_2(0) = 2$ 时,$r(t) = e^{-t}(7t+5), t > 0$;

(2) 当 $e(t) = 0, x_1(0) = 1, x_2(0) = 4$ 时,$r(t) = e^{-t}(5t+1), t > 0$;

(3) 当 $e(t) = \begin{cases} 1, & t > 0 \\ 0, & t < 0 \end{cases}$, $x_1(0) = 1, x_2(0) = 1$ 时,$r(t) = e^{-t}(t+1), t > 0$;求 $e(t) = \begin{cases} 3, & t > 0 \\ 0, & t < 0 \end{cases}$ 时的零状态响应。

实验一　Multisim 软件入门和基尔霍夫定理的验证

实验目的：学习使用 Multisim 软件，学习组建简单直流电路并使用仿真测量仪表测量电压、电流。

1. Multisim 用户界面及基本操作

1.1　Multisim 用户界面

在众多的 EDA 仿真软件中，Multisim 软件由于界面友好、功能强大、易学易用的特点，从而受到了电类设计开发人员的青睐。Multisim 用软件方法虚拟电子元器件及仪器仪表，将元器件和仪器集合为一体，是用于原理图设计、电路测试的一种实用虚拟仿真软件。

Multisim 是由加拿大图像交互技术公司（Interactive Image Technologies，简称 IIT 公司）推出的，以 Windows 为基础的仿真工具，原名为 EWB。

1988 年，IIT 公司推出了一个用于电子电路仿真和设计的 EDA 工具软件 Electronics Work Bench（电子工作台，简称 EWB），以界面形象直观、操作方便、分析功能强大、易学易用的优势特点而得到了迅速推广。

1996 年，IIT 公司推出了 EWB5.0 版本，在 EWB5.x 版本之后，从 EWB6.0 版本开始，IIT 公司对 EWB 进行了较大改动，名称改为 Multisim（多功能仿真软件）。

IIT 公司后被美国国家仪器（NI，National Instruments）公司收购，软件更名为 NI Multisim。Multisim 经历了多个版本的升级，到目前已经有 Multisim2001、Multisim7、Multisim8、Multisim9 、Multisim10、Multisim12 等版本，在之后又增加了单片机和 LabVIEW 虚拟仪器的仿真和应用。

下面以 Multisim10 为例介绍其基本操作。实验图 1-1 所示的是 Multisim10 的用户界面，包括菜单栏、标准工具栏、主工具栏、虚拟仪器工具栏、元器件工具栏、仿真按钮、状态栏、电路图编辑区等组成部分。

菜单栏与 Windows 应用程序相似，如实验图 1-2 所示。

其中，Options 菜单的 Global Preferences 和 Sheet Properties 命令可进行个性化界面设置，Multisim10 提供了两套电气元器件图形符号标准。

ANSI：美国国家标准学会，美国标准，为软件默认标准，本章采用默认设置。

DIN：德国国家标准学会，欧洲标准，与中国的图形符号标准一致。

工具栏具有标准的 Windows 应用程序风格。

标准工具栏：

视图工具栏：

实验图 1-3 所示的是主工具栏及按钮名称，实验图 1-4 所示的是元器件工具栏及按钮名称，实验图 1-5 所示的是虚拟仪器工具栏及仪器名称。

项目管理器位于 Multisim10 工作界面的左半部分，电路以分层的形式展示，主要用于层次电路的显示，三个标签如下。

Hierarchy：对不同电路的分层显示，单击"新建"按钮将生成 Circuit2 电路。

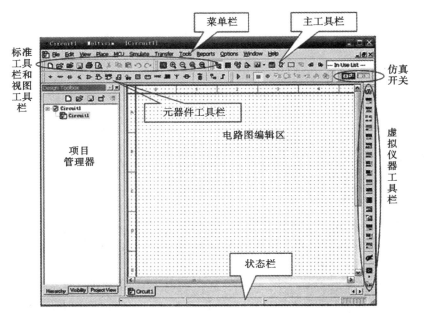

实验图 1-1 Multisim10 用户界面

File	Edit	View	Place	MCU	Simulate	Transfer	Tools	Reports	Options	Window	Help
文件	编辑	显示	放置元器件节点导线	单片机仿真	仿真和分析	与印制板软件传送数据	元器件修改	产生报告	用户设置	浏览	帮助

实验图 1-2 Multisim 菜单栏

设计工具箱	电子表格检视窗	数据库管理器	元器件编辑器	图形记录仪	后处理器	电气规则检测	虚拟实验板	创建Ultiboard注释文件	修改Ultiboard注释文件	使用的元器件列表	帮助

实验图 1-3 Multisim 主工具栏

Visibility:设置是否显示电路的各种参数标识,如集成电路的引脚名。

Project View:显示同一电路的不同页。

1.2 Multisim 仿真基本操作

Multisim10 仿真的基本步骤如下。

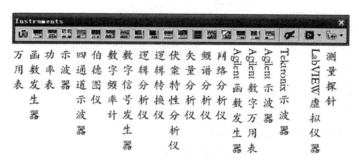

实验图 1-4 Multisim **元器件工具栏**

放置电源　基本元器件　放置二极管　放置晶体管　运算放大器　TTL元器件　CMOS元器件　其他数字元器件　混合元器件　显示模块　放置功率元器件　杂项元器件　高级外围电路　高频元器件　机电元器件　放置总线

实验图 1-5 Multisim **虚拟仪器工具栏**

万用表　函数发生器　功率表　示波器　四通道示波器　伯德图仪　数字频率计　数字信号发生器　逻辑分析仪　逻辑转换仪　伏案特性分析仪　矢量分析仪　频谱分析仪　网络分析仪　Agilent函数发生器　Agilent数字万用表　Agilent示波器　Tektronix示波器　LabVIEW虚拟仪器　测量探针虚拟仪器

（1）建立电路文件；

（2）放置元器件和仪表；

（3）元器件编辑；

（4）连线和进一步调整；

（5）电路仿真；

（6）输出分析结果。

具体方式如下。

（1）建立电路文件。

具体建立电路文件的方法有如下几种。

① 打开 Multisim10，自动打开空白电路文件 Circuit1，保存时可以重新命名。

② 用菜单 File/New 的命令建立电路文件。

③ 单击工具栏 New 按钮，建立电路文件。

④ 应用快捷键 Ctrl＋N，建立电路文件。

（2）放置元器件和仪表。

Multisim10 的元器件数据库有主元件库（Master Database），用户元件库（User Database）和合作元件库（Corporate Database）等。后两个库由用户或合作人创建，新安装的 Multisim12 中这两个数据库是空的。

放置元器件的方法有如下几种。

① 使用菜单 Place Component 的命令。

② 单击元件工具栏：Place/Component 按钮。

③ 在绘图区右击，利用弹出的快捷菜单放置。

④ 单击快捷键 Ctrl＋W。

放置仪表可以单击虚拟仪器工具栏相应按钮,或者使用菜单方式。

以晶体管单管共射放大电路放置+12 V 电源为例,单击元器件工具栏放置电源按钮,得到如实验图 1-6 所示界面。

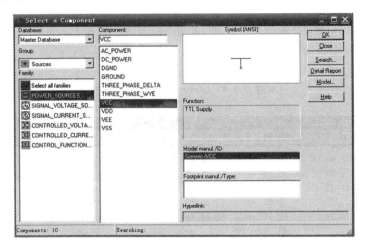

实验图 1-6　放置电源

修改电压源的电压值为 12 V,如实验图 1-7 所示。

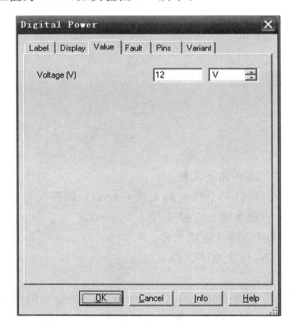

实验图 1-7　修改电压源的电压值

同理,放置接地端和电阻,如实验图 1-8 所示。

实验图 1-9 所示为放置了元器件和仪器仪表的效果图,其中左下角是函数信号发生器,右上角是双通道示波器。

(3) 元器件编辑。

① 元器件参数设置。

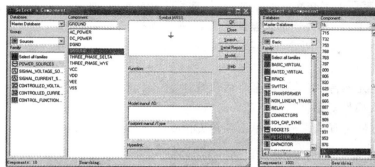

实验图 1-8　放置接地端(左图)和电阻(右图)

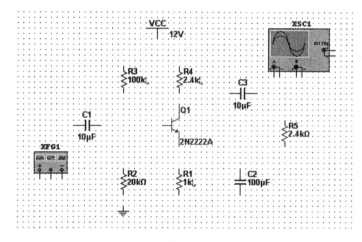

实验图 1-9　放置元器件和仪器仪表

双击元器件,弹出相关对话框,选项卡有如下几种。

Label:标签,Refdes 编号,由系统自动分配,可以修改,但须保证编号的唯一性。

Display:显示。

Value:数值。

Fault:故障设置,Leakage 漏电;Short 短路;Open 开路;None 无故障(默认)。

Pins:引脚,各引脚编号、类型、电气状态。

② 元器件向导。

对于特殊要求,可以用元器件向导编辑自己的元器件,一般是在已有元器件的基础上进行编辑和修改。方法:单击菜单 Tools/ Component Wizard,按照规定步骤进行编辑,将元器件向导编辑生成的元器件放置在用户数据库(User Database)中。

(4) 连线和进一步调整。

① 连线。

a. 自动连线:单击起始引脚,鼠标光标变为"＋"字形,移动鼠标至目标引脚或导线,然后单击,则连线完成,当导线连接后呈现丁字交叉时,系统自动在交叉点放节点。

b. 手动连线:单击起始引脚,鼠标光标变为"＋"字形后,在需要拐弯处单击,可以固定连线的拐弯点,从而设定连线路径。

c. 交叉点：Multisim10 默认丁字交叉点为导通，十字交叉点为不导通，对于十字交叉点而希望导通的情况，可以进行分段连线，即先连接起点到交叉点，然后连接交叉点到终点；也可以在已有连线上增加一个节点，并从该节点引出新的连线，添加节点可以使用菜单，或者快捷键 Ctrl＋J。

② 调整。

a. 调整位置：单击选定元器件，将其移动至合适位置。

b. 改变标号：双击进入属性对话框进行更改。

c. 显示节点编号，以方便仿真结果输出：单击菜单 Options/Sheet Properties/Circuit/Net Names 命令，选择 Show All。

d. 导线和节点删除：右击/Delete，或者单击选中，按键盘 Delete 键。

实验图 1-10 所示的是连线和调整后的电路图，实验图 1-11 所示的是显示节点编号后的电路图。

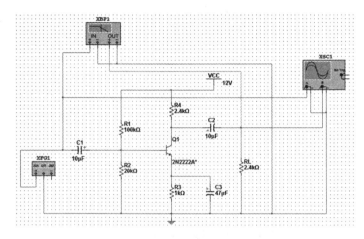

实验图 1-10 连线和调整后的电路图

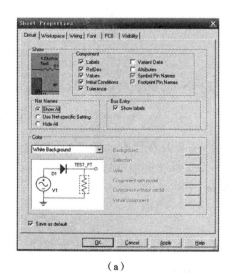

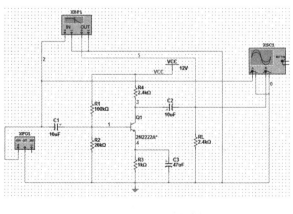

（a）   （b）

实验图 1-11 电路图的节点编号显示

（a）显示节点编号对话框；（b）显示节点编号后的电路图

（5）电路仿真。

基本方法如下。

① 单击下仿真开关，电路开始工作，Multisim 界面的状态栏右端出现仿真状态指示。

② 双击虚拟仪器，进行仪器设置，获得仿真结果。

实验图 1-12 所示的是示波器界面，双击示波器，进行仪器设置，可以单击 Reverse 按钮将其背景反色，使用两个测量标尺，显示区给出对应时间及该时间的电压波形幅值，也可以用测量标尺测量信号周期。

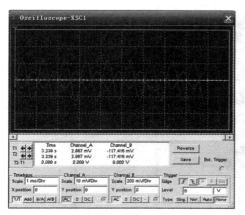 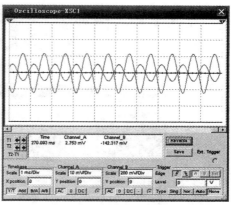

实验图 1-12 示波器界面（右图为点击 Reverse 按钮将背景反色）

（6）输出分析结果。

使用菜单命令 Simulate/Analyses，以上述单管共射放大电路的静态工作点分析为例（见实验图 1-13），步骤如下。

单击菜单 Simulate/Analyses/DC Operating Point 命令。

选择输出节点 1、4、5，单击 ADD、Simulate 选项。

2. 基尔霍夫电流、电压定理的验证

解决方案：自己设计一个电路，要求至少包括两个回路和两个节点，测量节点的电流代数和与回路的电压代数和，验证基尔霍夫电流、电压定理并与理论计算值相比较。在 Multisim 10 中打开仿真开关，用直流电流表、电压表测量各支路的电流和各个电阻的电压，如实验图 1-14 所示，并将仿真测量数据填入实验表 1-1 中。

实验表 1-1 基尔霍夫定律实验数据

实验数据	i_1	i_2	i_3	u_1	u_2	u_3	u_4	u_5	u_6	u_7
理论计算值										
仿真测量值										

实验原理图如实验图 1-14 所示。

与理论计算数据比较分析：

$i_3 = i_1 + i_2$；

$u_1 + u_2 + u_7 + u_6 = 0$；

$u_4 + u_3 + u_7 + u_5 = 0$；

$u_1 + u_2 + u_3 + u_4 + u_5 + u_6 = 0$。

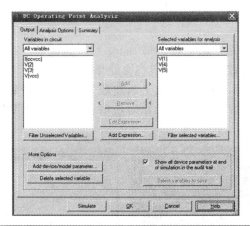

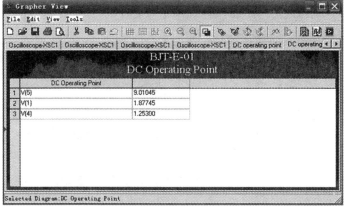

实验图 1-13 静态工作点分析

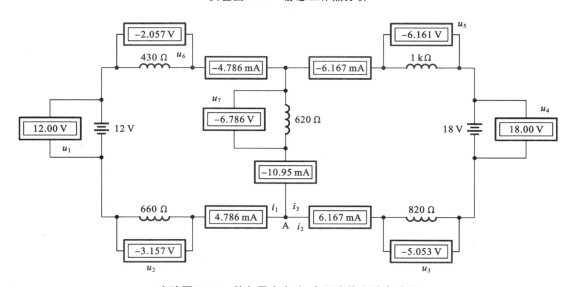

实验图 1-14 基尔霍夫电流、电压定律实验电路图

第 2 章　电阻电路的等效变换

电阻电路的等效变换是电路分析理论的重要基础知识之一,后继的学习中将大量使用这种基本变换方法及其结论。本章内容包括电阻和电源的串、并联,电阻和电源的等效变换,二端网络输入电阻计算等。

2.1　引言

在讨论电阻电路的等效变换之前,先引入两个重要的概念。

2.1.1　线性电路

由时不变线性无源元器件、线性受控源和独立电源组成的电路,称为时不变线性电路,简称线性电路。如果构成电路的无源元器件是线性电阻,则称为线性电阻电路(或简称电阻电路)。

2.1.2　直流电路

电路中电压源的电压或电流源的电流,可以是直流的,也可以是随时间变化按某种规律变化的非直流的;当电路中的独立电源都是直流电源时,电路称为直流电路。

2.2　电路的等效变换

第 1 章所介绍的电路元器件都有两个端子,称为二端元器件。由二端元器件构成的电路向外引出两个端子,且从一个端子流入的电流等于从另一个端子流出的电流,该电路称为二端网络(或一端口网络)。

在对电路进行分析和计算时,为了方便分析和计算,常常用一个较为简单的电路来代替原电路,即对电路进行等效变换。两个二端网络,若它们端口处的电压 u 和电流 i 间的伏安特性完全相同,则对任一外电路而言,它们具有完全相同的影响,便称这两个二端网络对外是等效的;将一个复杂的二端网络在上述等效条件下,用一个简单的二端网络替换,从而达到简化计算的目的,这就是等效变换方法。对于较复杂的电路,利用等效的概念可对其进行化简,得到等效电路,从而达到简化计算的目的。

在图 2-1(a)所示电路中,右方虚线框由 5 个电阻组成的电路如果用一个电阻 R_{eq} 替代(见图 2-1(b)),就可使整个电路得以简化。进行替代的条件是,图 2-1(a)、(b)所示电路中端子

1-1′以右的部分具有相同的伏安特性。电阻 R_{eq} 称为等效电阻,其值取决于被替代的原电路中电阻的值,以及它们的连接方式。在电路中某一部分被替代后,未被替代部分的电压和电流都应保持不变。

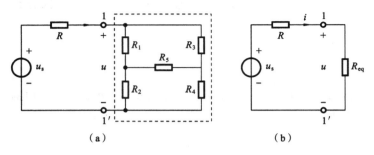

图 2-1　等效电阻

2.3　电阻的串联和并联

2.3.1　电阻的串联

电路中有两个或者多个电阻按顺序首尾相连,这样的连接法就称为电阻的串联。图 2-2 所示的电路就是电阻的串联电路。电阻串联时,每个电阻中通过的电流 i 相等。

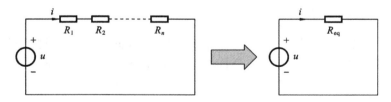

图 2-2　电阻的串联

根据 KVL,有

$$u = u_1 + u_2 + u_3 + \cdots + u_n \tag{2-1}$$

由于每个电阻中的电流相等且均为 i,因此 $u_1 = R_1 i, u_2 = R_2 i, u_3 = R_3 i, \cdots, u_n = R_n i$,代入式(2-1),得

$$u = (R_1 + R_2 + R_3 + \cdots + R_n)i = R_{eq} i \tag{2-2}$$

式中:

$$R_{eq} = R_1 + R_2 + R_3 + \cdots + R_n = \sum_{k=1}^{n} R_k \tag{2-3}$$

电阻 R_{eq} 称为 n 个电阻串联时的等效电阻,用等效电阻替代这些串联电阻,端口处的伏安关系完全相同,即两个电路具有相同的外部性能,这种替代就是等效变换。显然,等效电阻值大于任一个串联电阻。

电阻串联时,各电阻上的电压为

$$u_k = iR_k = \frac{R_k}{R_{eq}} u, \quad k = 1, 2, \cdots, n \tag{2-4}$$

电阻串联时,串联电路的功率为

$$P = ui = R_1 i^2 + R_2 i^2 + \cdots + R_n i^2 = R_{eq} i^2 \tag{2-5}$$

式(2-5)表明,n 个电阻串联吸收的总功率等于它们的等效电阻吸收的功率。

2.3.2 电阻的并联

电路中有两个或者多个电阻连接在两个公共的节点间,这样的连接法就称为电阻的并联。其电路如图 2-3 所示。电阻并联可用"$/\!/$"表示,如 $R_1 /\!/ R_2$。

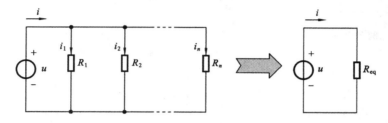

图 2-3 电阻的并联

根据 KCL,有

$$i = i_1 + i_2 + \cdots + i_n \tag{2-6}$$

再由欧姆定律有 $u_1 = R_1 i_1, u_2 = R_2 i_2, u_3 = R_3 i_3, \cdots, u_n = R_n i_n, u = R_{eq} i$,代入式(2-6),得

$$\frac{u}{R_{eq}} = \frac{u_1}{R_1} + \frac{u_2}{R_2} + \frac{u_3}{R_3} + \cdots + \frac{u_n}{R_n} \tag{2-7}$$

由于电阻并联时,各电阻两端的电压相等,即 $u = u_1 = u_2 = u_3 = \cdots = u_n$,得

$$\frac{1}{R_{eq}} = \frac{1}{R_1} + \frac{1}{R_2} + \frac{1}{R_3} + \cdots + \frac{1}{R_n} \tag{2-8}$$

即

$$R_{eq} = \frac{1}{\dfrac{1}{R_1} + \dfrac{1}{R_2} + \dfrac{1}{R_3} + \cdots + \dfrac{1}{R_n}} = \frac{1}{\displaystyle\sum_{k=1}^{n} \dfrac{1}{R_k}} \tag{2-9}$$

由式(2-9)可见,等效电阻小于任一个并联电阻。

定义:电导 $G = \dfrac{1}{R}$,单位为 S,且 $G_1、G_2、G_3、\cdots\cdots、G_n、G_{eq}$ 分别为电阻 $R_1、R_2、R_3、\cdots\cdots、R_n、R_{eq}$ 的电导,则由式(2-8)有

$$G_{eq} = G_1 + G_2 + \cdots + G_n = \sum_{i=1}^{n} G_i \tag{2-10}$$

电阻并联时,各电阻的电流为

$$i_k = \frac{u}{R_k} = uG_k = \frac{G_k}{G_{eq}} i, \quad k = 1, 2, \cdots, n \tag{2-11}$$

由式(2-11)可见,电流的分配与电阻成反比。即各个并联电阻的电流与它们各分电阻的电导值成正比,即总电流按各个并联电阻的电导进行分配。

并联电路的功率为

$$P=ui=G_1u^2+G_2u^2+\cdots+G_nu^2=G_{eq}u^2 \tag{2-12}$$

即 n 个并联电阻吸收的总功率等于它们的等效电阻吸收的功率。

例 2-1 在图 2-4 所示电路中,已知:$R_1=R_2=4\ \Omega,R_3=R_4=2\ \Omega,U=12\ V$,求图示电路中电流 I_1、I_2、I_3 及电压 U_1。

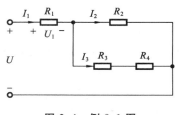

图 2-4 例 2-1 图

解 （1）总电阻:
$$R=R_1+[R_2//(R_3+R_4)]=(4+(4//4))\ \Omega=6\ \Omega$$

（2）总电流:
$$I_1=\frac{U}{R}=\frac{12}{6}\ A=2\ A$$

（3）分电流:
$$I_2=I_1\times\frac{R_3+R_4}{R_2+R_3+R_4}=1\ A$$

$$I_3=I_1\times\frac{R_2}{R_2+R_3+R_4}=1\ A$$

（4）分电压:
$$U_1=I_1\times R_1=8\ V$$

例 2-2 在图 2-5(a)所示电路中,求等效电阻 R_{ab}。

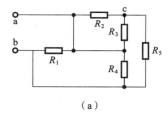 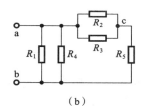 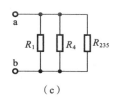

（a）　　　　　　　　　（b）　　　　　　　　　（c）

图 2-5 例 2-2 图

解 求解这类比较复杂电路的等效电阻时,应先确定电路共有几个节点。从图 2-5(a)可以看出,此电路共有 3 个节点 a、b、c,然后将各个电阻用最简洁的路径连接在对应的节点之间（见图 2-5(b)）。这时,就可以用电阻混联的计算方法,逐步求得等效电阻。由图 2-5(b)算得 $R_{235}=R_2//R_3+R_5$,最后等效电路如图 2-5(c)所示。结果是

$$R_{ab}=R_1//R_4//R_{235}=R_1//R_4//(R_2//R_3+R_5)$$

2.4　电阻的 Y 形连接和△形连接的等效变换

2.4.1　电阻的 Y 形连接与△形连接

在实际运用中,经常用到电阻的 Y 形连接和△形连接,其连接方式分别如图 2-6(a)、(b)所示,它们都通过 3 个端子与外部电路相连,它们之间的等效变换要求它们的外部性能相同。

即当它们对应端子间的电压相同时,流入对应端子的电流也必须相等。

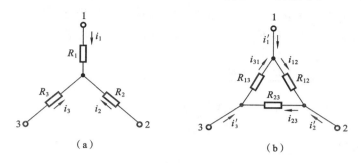

图 2-6 Y 形连接和△形连接的等效变换

(a) Y 形连接;(b) △形连接

在图 2-6 所示电路中,设在两个电路对应端子间加有相同的电压 u_{12}、u_{23} 和 u_{31},当它们流入对应端子的电流分别相等,即

$$u_{12} = u_{23} = u_{31} \tag{2-13}$$

时,有

$$i_1 = i'_1, \quad i_2 = i'_2, \quad i_3 = i'_3 \tag{2-14}$$

在此条件下,它们彼此等效。

2.4.2 Y-△形连接的等效变换

对于△形连接的电路,流经各个电阻的电流分别为

$$i_{12} = \frac{u_{12}}{R_{12}}, \quad i_{23} = \frac{u_{23}}{R_{23}}, \quad i_{31} = \frac{u_{31}}{R_{31}} \tag{2-15}$$

按 KCL,有

$$i'_1 = \frac{u_{12}}{R_{12}} - \frac{u_{31}}{R_{31}}$$

$$i'_2 = \frac{u_{23}}{R_{23}} - \frac{u_{12}}{R_{12}} \tag{2-16}$$

$$i'_3 = \frac{u_{31}}{R_{31}} - \frac{u_{23}}{R_{23}}$$

对于 Y 形连接的电路,有

$$\left.\begin{aligned}
u_{12} &= R_1 i_1 - R_2 i_2 \\
u_{23} &= R_2 i_2 - R_3 i_3 \\
i_1 + i_2 + i_3 &= 0
\end{aligned}\right\} \tag{2-17}$$

由式(2-17)可得

$$\left.\begin{aligned}
i_1 &= \frac{R_3 u_{12}}{R_1 R_2 + R_2 R_3 + R_3 R_1} - \frac{R_2 u_{31}}{R_1 R_2 + R_2 R_3 + R_3 R_1} \\
i_2 &= \frac{R_1 u_{23}}{R_1 R_2 + R_2 R_3 + R_3 R_1} - \frac{R_3 u_{12}}{R_1 R_2 + R_2 R_3 + R_3 R_1} \\
i_3 &= \frac{R_2 u_{31}}{R_1 R_2 + R_2 R_3 + R_3 R_1} - \frac{R_1 u_{23}}{R_1 R_2 + R_2 R_3 + R_3 R_1}
\end{aligned}\right\} \tag{2-18}$$

不论电压 u_{12}、u_{23}、u_{31} 为何值,要使两个电路等效,流入对应端子的电流应该相等。因此,式(2-16)与式(2-18)中电压 u_{12}、u_{23} 和 u_{31} 前面的系数应该对应相等,于是得

$$\left.\begin{array}{l}R_{12}=\dfrac{R_1R_2+R_2R_3+R_3R_1}{R_3}=R_1+R_2+\dfrac{R_1R_2}{R_3}\\[2mm]R_{23}=\dfrac{R_1R_2+R_2R_3+R_3R_1}{R_1}=R_2+R_3+\dfrac{R_2R_3}{R_1}\\[2mm]R_{31}=\dfrac{R_1R_2+R_2R_3+R_3R_1}{R_2}=R_3+R_1+\dfrac{R_3R_1}{R_2}\end{array}\right\} \quad (2\text{-}19)$$

由式(2-19)可得

$$\left.\begin{array}{l}R_1=\dfrac{R_{31}\cdot R_{12}}{R_{12}+R_{23}+R_{31}}\\[2mm]R_2=\dfrac{R_{12}\cdot R_{23}}{R_{12}+R_{23}+R_{31}}\\[2mm]R_3=\dfrac{R_{23}\cdot R_{31}}{R_{12}+R_{23}+R_{31}}\end{array}\right\} \quad (2\text{-}20)$$

以上互换公式可以归纳为

$$Y\,形电阻=\frac{\triangle 形相邻电阻的乘积}{\triangle 形电阻之和} \quad (2\text{-}21)$$

$$\triangle 形电阻=\frac{Y\,形电阻两两乘积之和}{Y\,形不相邻电阻} \quad (2\text{-}22)$$

若 Y 形电路的 3 个电阻相等,即 $R_1=R_2=R_3$,则等效 $\triangle$ 形电路的电阻也相等,为

$$R_{\triangle}=R_{12}=R_{23}=R_{31}=3R_{Y} \quad (2\text{-}23)$$

反之,则

$$R_{Y}=\frac{1}{3}R_{\triangle} \quad (2\text{-}24)$$

利用 Y-$\triangle$ 等效互换,可使电路得到简化。

例 2-3 在图 2-7 所示电路中,试求等效电阻 R_{ab}。

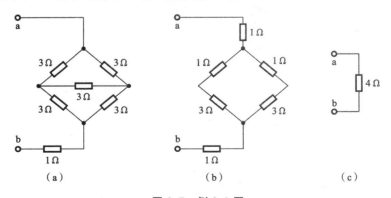

图 2-7 例 2-3 图

解 本例首先应用 $\triangle$-Y 变换,将电路上部分 $\triangle$ 形电路变成 Y 形电路,得到如图 2-7(b)所示电路,再按电阻混联计算,可求得

$$R_{ab}=\{1+[(1+3)/\!/(1+3)]+1\}\ \Omega=4\ \Omega$$

2.5 电压源、电流源的串联和并联

2.5.1 电压源的串、并联

实际电路中,经常根据需要将电压源或电流源按不同方式连接。图 2-8(a)所示的为 n 个电压源的串联电路,由 KVL 可知,n 个电压源的串联可以用一个电压源等效替代(见图 2-8(b)),这个等效电压源的电压等于各串联电压源电压的代数和,即

$$u_s = u_{s1} + u_{s2} + \cdots + u_{sn} = \sum_{k=1}^{n} u_{sk} \tag{2-25}$$

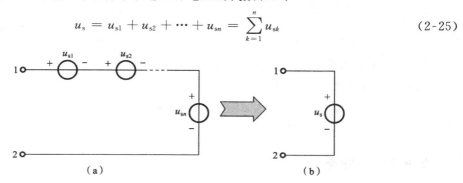

图 2-8 电压源的串联

当图 2-8(a)所示 u_{sk} 的参考方向与图 2-8(b)所示 u_s 参考方向一致时,式(2-25)的 u_{sk} 取"+"号,不一致时取"-"号。

只有电压相等且极性一致的电压源才允许并联,否则违背 KVL。

2.5.2 电流源的串、并联

图 2-9(a)所示的为 n 个电流源的并联电路,由 KCL 可知,n 个电流源的并联可以用一个电流源等效替代(见图 2-9(b)),这个等效电流源的电流等于各并联电流源电流的代数和,即

$$i_s = i_{s1} + i_{s2} + \cdots + i_{sn} = \sum_{k=1}^{n} i_{sk} \tag{2-26}$$

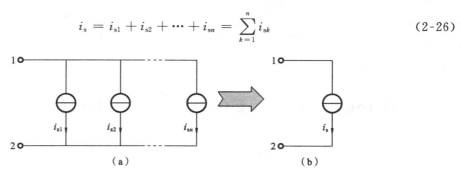

图 2-9 电流源的并联

当图 2-9(a)所示 i_{sk} 的参考方向与图 2-9(b)所示 i_s 参考方向一致时,式(2-26)的 i_{sk} 取

"＋"号,不一致时取"－"号。

只有电流相等且方向一致的电流源才允许串联,否则违背 KCL。

2.6 实际电源的两种模型及其等效变换

由于实际电源的内部存在损耗,故实际电压源的输出电压和实际电流源的输出电流均随负载功率的增大而减小。

2.6.1 实际电压源

考虑到实际电压源有损耗,其电路模型用理想电压源和电阻的串联组合表示,如图 2-10 (a)所示。这个电阻称为电压源的内阻或输出电阻。

实际电压源电流与电压的关系为

$$u = u_s - iR_s \tag{2-27}$$

其伏安特性曲线如图 2-10(b)所示。

2.6.2 实际电流源

考虑到实际电流源有损耗,其电路模型用理想电流源和电阻的并联组合来表示,如图 2-11(a)所示。这个电阻称为电流源的内阻或输出电阻。

实际电流源的电压、电流关系为

$$i = i_s - Gu \tag{2-28}$$

即实际电流源的输出电流在一定范围内随着端电压的增大而逐渐下降。因此,一个好的电流源的内阻 $R \to +\infty$。其伏安特性曲线如图 2-11(b)所示。

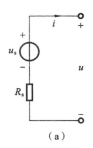 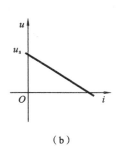 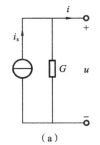 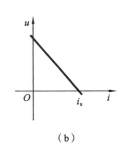

图 2-10 实际电压源的电路模型和伏安特性曲线   图 2-11 实际电流源的电路模型和伏安特性曲线

2.6.3 电源的等效变换

将式(2-27)两边同时除以 R_s,得

$$i = \frac{u_s}{R_s} - \frac{u}{R_s} \tag{2-29}$$

比较式(2-28)和式(2-29)可知,当满足式(2-30)时,式(2-27)和式(2-28)完全相同。它们在 i-u 平面上表示的是同一条直线,即二者具有相同的伏安特性(外特性)。因此,实际电源的这两种电路模型可以互相等效变换。

$$G = \frac{1}{R_s} \left.\atop i_s = Gu_s \right\} \tag{2-30}$$

图 2-12(a)所示电路的实际电压源与图 2-12(b)所示电路的实际电流源若满足式(2-30),就可实现等效互换,对于外电路 R_L 来说是等效的。变换时注意 i_s 与 u_s 参考方向的关系。

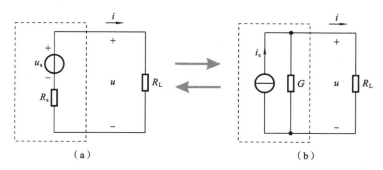

图 2-12 实际电流源和实际电压源的等效互换

等效是对外部电路而言的,即这两种模型具有相同的外特性,它们对外吸收或发出的功率总是一样的。但对内部不等效,如开路时,电压源与电阻的串联组合内部,电压源不发出功率,电阻也不吸收功率;而电流源与电导的并联组合内部,电流源发出功率,且全部为电导所吸收。但这两种组合对外都不发出功率,也不吸收功率。

进行等效变换时应注意以下几点。

(1)"等效"是指"对外"等效(等效互换前后对外伏安特性一致)。

(2)注意转换前后 U_s 与 I_s 的方向相同。

(3)恒压源和恒流源不能等效互换。

(4)理想电源之间的等效电路:与理想电压源并联的元件可去掉;与理想电流源串联的元件可去掉。

例 2-4 在图 2-13(a)所示电路中,用电源的等效变换关系,求电阻 R_5 上的电流 I。

解 求 R_5 上电流 I 的过程,可按照图 2-13(b)→(c)→(d)→(e)→(f)→(g)所示步骤进行。

(1)将电压源 U_{s1} 变成电流源 I_{s11} 如图 2-13(c)所示。

(2)电流源 I_{s11} 与电流源 I_{s2} 合并为 I_{s12} 如图 2-13(d)所示。

(3)将电流源 I_{s12} 变成电压源 U_{s13} 如图 2-13(e)所示。

(4)电压源 U_{s13} 变为电流源 I_{s14},电压源 U_{s4} 变为电流源 I_{s15} 如图 2-13(f)所示。

(5)合并 I_{s15}、I_{s14} 为 I_{s16} 如图 2-13(g)所示,其中 $I_{s16} = I_{s14} + I_{s15}$,$R_{16} = R_{13} /\!/ R_4$。

(6)由图 2-13(g)所示电路用分流定理求得

$$I = \frac{R_{16}}{R_5 + R_{16}} i_{s16}$$

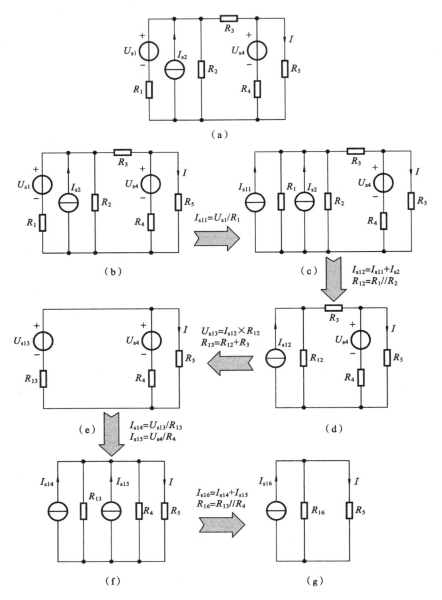

图 2-13 例 2-4 图

2.7 输入电阻

如果不关心二端口网络内部电路结构而仅注重外电路对网络的影响，即二端口网络的端口电压、电流分析是主要的，甚至是唯一的对象，则一旦二端网络的输入电压和输入电流被确定，二端网络两个输入端之间即可等效为一电阻，称该电阻为二端网络的输入电阻 R_{in}。

如果一个二端网络是纯电阻网络（只含电阻），则应用电阻的串、并联，Y - △变换可以求得其等效电阻,对于这种二端网络,其输入电阻 R_{in} 等于该等效电阻。

如果一个二端网络内部除电阻外还含有受控源,但不含任何独立电源,则其输入电阻 R_{in} 等于端口电压 u_{in} 与电流 i_{in} 之比,即

$$R_{in} = \frac{u_{in}}{i_{in}} \tag{2-31}$$

求输入电阻的一般方法称为电压电流法,即在端口添加电压源,然后求出端口电流;或在端口添加电流源,然后求出端口电压。最后根据式(2-31)求得输入电阻。

关于二端网络的详细讨论,可参阅第 8 章的有关内容。

例 2-5 求图 2-14(a)所示二端网络的输入电阻。

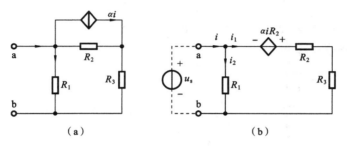

（a） （b）

图 2-14 例 2-5 图

解 在端口 ab 处添加电压 u_s,再由式(2-31)求输入电阻。

根据电源的等效变换原理,将受控电流源与电阻的并联变换为受控电压源与电阻的串联,如图 2-14(b)所示。

由 KVL 和 KCL,有

$$u_s = -\alpha i R_2 + (R_2 + R_3) i_1 \tag{2-32}$$

$$u_s = R_1 i_2 \tag{2-33}$$

$$i = i_1 + i_2 \tag{2-34}$$

联立求解式(2-32)、式(2-33)、式(2-34),有

$$R_{in} = \frac{u_s}{i} = \frac{R_1 R_3 + (1-\alpha) R_1 R_2}{R_1 + R_2 + R_3}$$

习　　题

1. 求图题 1 所示电路中 a、b 两点间的等效电阻 R_{ab}。
2. 求图题 2 所示电路中的电流 I。

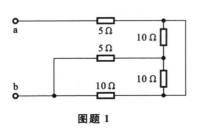

图题 1

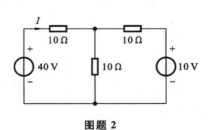

图题 2

3. 电路如图题 3 所示，求 $\dfrac{I_A}{I_B}$。

4. 求图题 4 所示电路中的电流 I_1。

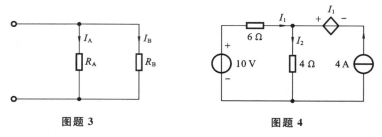

图题 3　　　　　　　　　　图题 4

5. 图题 5 所示电路中，$R_1 = R_2 = R_3 = 6\ \Omega$，$R_4 = 4\ \Omega$，$U_s = 10e^{-2t}$ V，求电压 U_{ab}。

6. 求图题 6 所示电路中的电流 I。

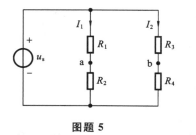

图题 5　　　　　　　　　　图题 6

7. 电路如图题 7 所示，求电压 U。

8. 图题 8 所示电路中，$R_2 = R_3 = R_4 = 1\ \Omega$，$R_1 = 3\ \Omega$，$R_5 = 1.5\ \Omega$，$U_s = 15\cos(t)$ V，求电流 I。

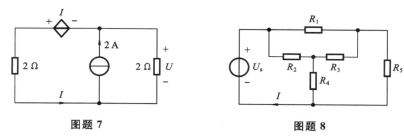

图题 7　　　　　　　　　　图题 8

9. 求图题 9 所示电路中 a、b 两点间的电压 U_{ab}。

10. 求图题 10 所示电路中的输入电阻 R_{ab}。

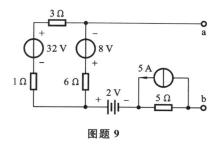 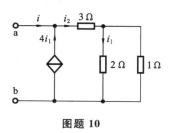

图题 9　　　　　　　　　　图题 10

11. 求图题 11 所示电路中的电压 U 和电流 I。

12. 求图题 12 所示电路中的电流 I。

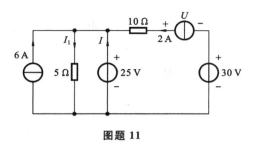

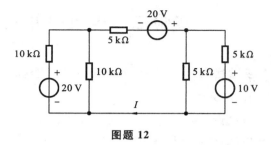

图题 11   图题 12

实验二　电阻串并联分压和分流关系验证

实验目的:学习使用 Multisim 软件,组建简单直流电路并使用仿真测量仪表测量电压、电流。

1. 解决方案

自己设计一个电路,要求包括三个以上的电阻,有串联电阻和并联电阻,测量电阻上的电压和电流,验证电阻串并联分压和分流关系,并与理论计算值相比较。在 Multisim 10 中打开仿真开关,用直流电流表、电压表测量各支路的电流和各个电阻的电压,如实验图 2-1 所示。并将仿真测量数据填入实验表 2-1 中。

实验表 2-1　基尔霍夫定律实验数据

实验数据	i_1	i_2	i_3	u_1	u_2	u_3
理论计算值						
仿真测量值						

2. 实验原理图

实验原理图如实验图 2-1 所示。

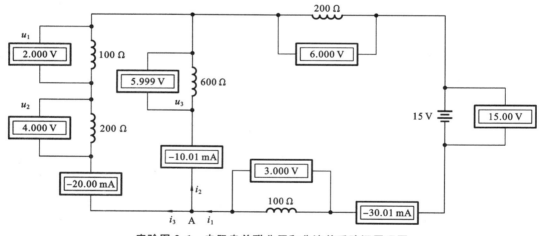

实验图 2-1　电阻串并联分压和分流关系验证原理图

3. 与理论计算数据比较分析

理论计算如下。

$$200\ \Omega + 100\ \Omega = 300\ \Omega$$
$$(100\ \Omega + 200\ \Omega) /\!/ 600\ \Omega = 200\ \Omega$$
$$i_1 = 15/(200 + 200 + 100) = 30\ \text{mA}$$
$$i_2 = i_1 \times (600/900) = 20\ \text{mA}$$
$$i_3 = i_1 \times (300/900) = 10\ \text{mA}$$
$$u_1 = u_3 \times (200/300) = 4\ \text{V}$$
$$u_2 = u_3 \times (100/300) = 2\ \text{V}$$

第3章　电阻电路的一般分析

本章主要介绍建立线性电阻电路方程的另一种方法,内容包括:图论的初步概念,电路分析的支路电流法、网孔电流法、回路电流法和节点电压法。学习本章后,要求能熟练地列出电路方程。

3.1　图论初步

本章将引入另一种求解电路的方法,该方法不需要改变电路的结构就可求出所需的结果。方法的要旨在于,首先选择一组合适的电路变量(如电流或电压),然后根据 KCL 和 KVL 及元器件的电压电流关系(VAR)建立该组变量的独立方程组,即电路方程,最后从电路方程中解出电路变量。

3.1.1　"图"的初步概念

KCL 和 KVL 分别代表支路电流之间和支路电压之间的约束关系。由于这些约束关系与构成电路的元器件性质无关,因此,在研究这些约束关系时可以不考虑元器件特征。一般可以用一条线段来代替电路中的每一个元器件,称为支路,线段的端点称为节点。这样得到的几何结构图称为"图形"或"图(graph)"。对"图"的理论研究称为图论。

以下介绍有关图论的一些初步知识,并用其研究电路的连接性质,随后讨论如何应用"图"的方法来选择电路方程的独立变量。

如前所述,图 G 是节点和支路的一个集合,每条支路的两端都连接到相应的节点上,这里的支路只是一个抽象的线段。在图的定义中,节点和支路各自是一个整体,但任何一条支路必须终止在节点上。移去一条支路并不意味着同时把它连接的节点也移去,可以存在孤立的节点。但若移去一个节点,则应当把与该节点连接的全部支路都同时移去。电路的图是指电路中每条支路形成的节点和支路的集合。显然,实际电路中由具体元器件构成的电路支路以及节点与图论中关于支路和节点的概念是有区别的,电路中的支路是实体,节点只是支路的汇集点。

在图 3-1(a)所示电路中,如果认为每一个二端元件构成电路的一条支路,则图 3-1(b)所示的就是该电路的图。有时为了需要,可以把元器件的串联组合作为一条支路处理,并以此为根据画出电路的图,如图 3-1(c)所示。或者如图 3-1(d)所示把元器件的并联组合作为一条支路。所以,当用不同的元器件结构定义电路的一条支路时,该电路以及它的图的节点数和支路数将随之不同。

在电路中通常指定每一条支路的电流参考方向,电压一般取关联参考方向。电路的图的每一条支路也可以指定一个方向,此方向即该支路电流(电压)的参考方向。赋予支路方向的

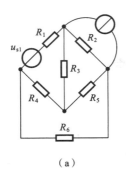
（a）

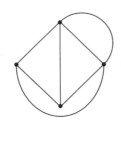
（b）

（c）

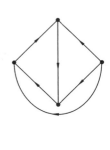
（d）

图 3-1　电路的图

图称为"有向图"，未赋予支路方向的图称为"无向图"。图 3-1(b)、(c)所示的为无向图，图 3-1(d)所示的为有向图。

3.1.2　利用图确定独立回路

图 3-2 为一个电路的图，它的节点和支路都已分别编号，并给出了支路的参考方向，该参

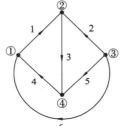

图 3-2　KCL 独立方程

考方向即支路电流和与之关联的支路电压的参考方向。

对节点①、②、③、④分别列出 KCL 方程，有

$$i_1 - i_4 - i_6 = 0$$
$$-i_1 - i_2 + i_3 = 0$$
$$i_2 + i_5 + i_6 = 0$$
$$-i_3 + i_4 - i_5 = 0$$

由于对所有节点都列写了 KCL 方程，而每一支路无一例外地都与 2 个节点相连，且每个支路电流必然从一个节点流出，流入到另一个节点。因此，在所有 KCL 方程中，每个支路电流必然出现两次，一次为正、一次为负。若把以上四个方程相加，必然得出等号两边为零的结果。这意味着，这 4 个方程不是相互独立的，但其中任意 3 个方程是相互独立的。可以证明，对于具有 n 个节点的电路，有$(n-1)$个独立的 KCL 方程，相应的$(n-1)$个节点称为独立节点。

从图 G 中的某一点出发，沿着一系列支路移动，从而到达另一节点，这样的一系列支路构成图 G 的路径。当然，一条支路也算作一条路径。当图 G 的任意两个节点之间至少存在一条路径时，就称图 G 为连通图。例如，图 3-2 所示的就是一个连通图。如果一条路径的起点和终点重合，且经过的其他节点都相异，则这条闭合路径就构成图 G 的一个回路。例如图 3-3 所示，支路(1,5,8)、(2,5,6)、(1,2,3,4)、(1,2,6,8)等都是回路；还有其他支路(4,7,8)(3,6,7)(1,5,7,4)(3,4,8,6)(2,3,7,5)(1,2,6,7,4)(1,2,3,7,8)(2,3,4,5,8)(1,5,6,3,4)等构成的 9 个回路，总共有 13 个不同的回路。但是独立回路远少于总的回路数。

应用 KVL 对每个回路都可以列出有关支路电压的 KVL 方程。例如，对于图 3-3 所示的图 G，如果按支路(1,5,8)和支路(2,5,6)分别构成的两个回路列出 2 个 KVL 方程，不论支路电压的参

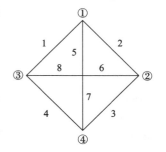

图 3-3　回路

考方向怎样指定,支路 5 的电压都将在这两个方程中出现,因为该支路是这两个回路的共有支路。把这两个方程相加或相减总可以把支路 5 的电压消去,而得到的支路电压将是按支路(1, 2,6,8)构成回路的 KVL 方程。可见这 3 个回路方程是相互不独立的,因为其中任何一个回路方程都可以由其他 2 个回路方程导出。因此这 3 个回路中只有 2 个独立回路。

3.2 "树"的概念

3.2.1 "树"和"支"

当图的回路数很多时,确定一组独立回路有时不太容易。利用所谓"树"的概念有助于寻找一个图的独立回路组,从而得到独立的 KVL 方程组。树的定义是:一个连通图 G 的树 T 包含图 G 中的全部节点和部分支路,而树 T 本身是连通的且不包含回路。

对于图 3-3 所示的图 G,符合上述定义的树有很多,例如图 3-4(a)、(b)、(c)所示的是其中的 3 个。而图 3-4(d)、(e)所示的不是图 G 的树,因为图 3-4(d)包含了回路,图 3-4(e)所示的则是非连通的。树中包含的支路称为该树的树支,而其他支路则称为该树的连支。例如图 3-4 (a)所示的树,它具有树支(5,6,7,8),相应的连支为(1,2,3,4)。树支和连支一起构成图 G 的全部支路。

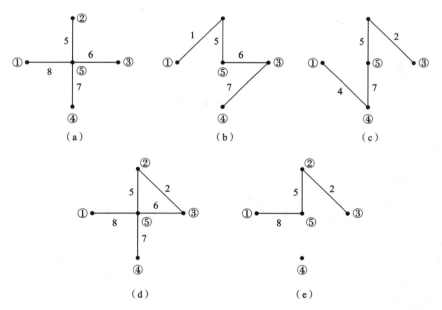

图 3-4 树

图 3-3 所示的图 G 有 5 个节点,图 3-4(a)、(b)、(c)所示图 G 的每一个树具有 4 条支路;图 3-4(d)所示的有 5 条支路,但它不是树。图 3-4(e)所示的只有 3 条支路,它也不是树。图 3-3 所示的图 G 有许多不同的树,但不论是哪一个树,树支总数均为 4。可以证明,任一具有 n 个节点的连通图,它的任何一个树的树支数都是 $(n-1)$。

由于连通图 G 的树支连接所有节点而不形成回路,因此,对于图 G 中的任意一个树,加入一个连支后,就会形成一个回路,并且此回路除所加连支外均由树支组成,这种回路称为单连支回路或基本回路。对于图 3-5(a)所示图 G,取支路(1,4,5)为树,在图 3-5(b)所示回路以实线表示,相应的连支为(2,3,6)。对应于这一树的基本回路是(1,3,5),(1,2,4,5)和(4,5,6)。每一个基本回路仅含一个连支,且这一连支并不出现在其他基本回路中。由全部连支形成的基本回路构成基本回路组。显然,基本回路组是独立回路组。根据基本回路列出的 KVL 方程组是独立方程组。因此,对一个节点数是 n,支路数是 b 的连通图,其独立回路数 $l=(b-n+1)$。选择不同的树,就可以得到不同的基本回路组。图 3-5(c)、(d)、(e)所示的是以支路(1,4,5)为树所得到的相应基本回路组。

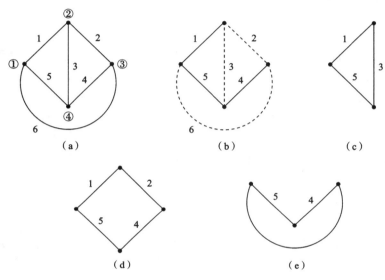

图 3-5 基本回路

3.2.2 "图"的平面图和网孔

如果把一个图画在平面上,能使它的各条支路除连接的节点外不再交叉,这样的图称为平面图,否则称为非平面图。图 3-6(a)所示的是一个平面图,图 3-6(b)所示的则是典型的非平面图。对于一个平面图,还可以引入网孔的概念。平面图的一个网孔是它的自然"孔",它所限定的区域内不再有支路。对图 3-6(a)所示的平面图,支路(1,3,5),(2,3,7),(4,5,6),(4,7,8),(6,8,9)都是网孔;支路(1,2,8,6),(2,3,4,8)等都不是网孔。平面图的全部网孔是一组独立回路,所以平面图的网孔数也就是独立回路数。图 3-6(a)所示的平面图有 5 个节点、9 条支路,独立回路数 $l=(b-n+1)=5$,而它的网孔数正好也是 5。

一般来说,一个电路的 KVL 独立方程数应等于它的独立回路数。以图 3-7(a)所示电路图为例,如果取支路(1,4,5)为树,则 3 个基本回路如图 3-7(b)所示。

按照图 3-7(b)中电压和电流的参考方向及回路绕行方向,以及支路和回路的编号,可以列出 KVL 方程如下。

回路 I : $u_1+u_3+u_5=0$

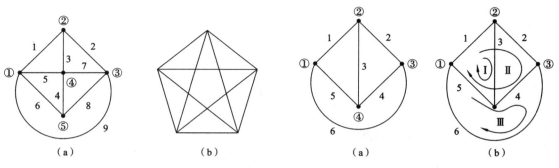

图 3-6　平面图与非平面图　　　　　图 3-7　基本回路的 KVL 方程

回路Ⅱ：　　　　　　　　　　$u_1 - u_2 + u_4 + u_5 = 0$

回路Ⅲ：　　　　　　　　　　$-u_4 - u_5 + u_6 = 0$

显然，这是一组独立方程。

3.3　支路电流法

对一个具有 b 条支路和 n 个节点的电路，当以支路电压和支路电流为电路变量列写方程时，总计有 $2b$ 个未知量，根据 KCL 可以列出 $(n-1)$ 个独立方程，根据 KVL 可以列出 $(b-n+1)$ 个独立方程，根据元器件的 VCR 又可列出 b 个方程。总计方程数为 $2b$，与未知量数相等。因此，可由 $2b$ 个方程解出 $2b$ 个支路电压和支路电流，这种方法称为 $2b$ 法。

为了减少求解的方程数，可以利用元器件的 VAR 将各支路电压用支路电流来表示，然后代入 KVL 方程。这样，就可以得到以 b 个支路电流为未知量的 b 个 KCL 和 KVL 方程，方程个数从 $2b$ 减少到 b。这种方法称为支路电流法。

现以图 3-8（a）所示电路为例说明支路电流法。将电压源 u_{s1} 和电阻 R_1 的串联组合作为一条支路，把电流源 i_{s5} 和电阻 R_5 的并联组合作为一条支路，如此作出电路的图如图 3-8（b）所示。其节点数 $n=4$，支路数 $b=6$，各支路的方向和编号也示于图中。求解变量为 i_1，i_2，i_3，$\cdots$，i_6。先利用元器件的 VAR 将支路电压 u_1，u_2，u_3，$\cdots$，u_6 用支路电流 i_1，i_2，i_3，$\cdots$，i_6 表示，即

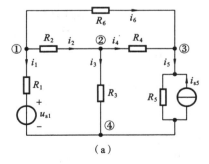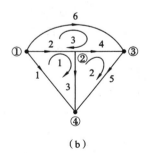

图 3-8　支路电流法

$$
\left.\begin{aligned}
u_1 &= -u_{s1} + R_1 i_1 \\
u_2 &= R_2 i_2 \\
u_3 &= R_3 i_3 \\
u_4 &= R_4 i_4 \\
u_5 &= R_5 i_5 + R_5 i_{s5} \\
u_6 &= R_6 i_6
\end{aligned}\right\}
\tag{3-1}
$$

对独立节点①、②、③列出 KCL 方程,有

$$
\left.\begin{aligned}
-i_1 + i_2 + i_6 &= 0 \\
-i_2 + i_3 + i_4 &= 0 \\
-i_4 + i_5 - i_6 &= 0
\end{aligned}\right\}
\tag{3-2}
$$

选择网孔作为独立回路,按图 3-8(b)所示回路绕行方向列出 KVL 方程,有

$$
\left.\begin{aligned}
u_1 + u_2 + u_3 &= 0 \\
-u_3 + u_4 + u_5 &= 0 \\
-u_2 - u_4 + u_6 &= 0
\end{aligned}\right\}
\tag{3-3}
$$

将式(3-1)代入式(3-3)得

$$
\left.\begin{aligned}
-u_{s1} + R_1 i_1 + R_2 i_2 + R_3 i_3 &= 0 \\
-R_3 i_3 + R_4 i_4 + R_5 i_5 + R_5 i_{s5} &= 0 \\
-R_2 i_2 - R_4 i_4 + R_6 i_6 &= 0
\end{aligned}\right\}
$$

把上式中的 u_{s1} 和 $R_5 i_{s5}$ 项移到方程的右边,有

$$
\left.\begin{aligned}
R_1 i_1 + R_2 i_2 + R_3 i_3 &= u_{s1} \\
-R_3 i_3 + R_4 i_4 + R_5 i_5 &= -R_5 i_{s5} \\
-R_2 i_2 - R_4 i_4 + R_6 i_6 &= 0
\end{aligned}\right\}
\tag{3-4}
$$

式(3-2)和式(3-4)就是以支路电流 $i_1, i_2, i_3, \cdots, i_6$ 为未知量的支路电流方程。
式(3-4)可归纳为

$$
\sum R_k i_k = \sum u_{sk}
\tag{3-5}
$$

式中:$R_k i_k$ 为回路中第 k 个支路电阻上的电压,求和遍及回路中的所有支路,且当 i_k 的参考方向与回路方向一致时,前面取"+"号;不一致时,取"-"号。u_{sk} 为回路中第 k 个支路的电源电压,电源电压包括电压源和电流源的等效(折算)电压。例如在支路 5 中并无电压源,仅为电流源和电阻的并联组合,但可将其等效变换为电压源与电阻的串联组合,其等效电压源电压为 $R_5 i_{s5}$,串联电阻为 R_5。在取代数和时,当 u_{sk} 与回路方向一致时,前面取"-"号(因移动到等号另一侧);u_{sk} 与回路方向不一致时,前面取"+"号。式(3-5)实际上是 KVL 的另一种表达式,即任一回路中,电阻电压的代数和等于电压源电压的代数和。

由支路电流法列出电路方程的步骤如下:

(1) 选定各支路电流的参考方向;

(2) 根据 KCL 对 $(n-1)$ 个独立节点列出方程;

(3) 选取 $(b-n+1)$ 个独立回路,指定回路的绕行方向,按照式(3-5)列出 KVL 方程。

通过支路电流法求 b 个支路电压时,其均能以支路电流表示,即存在式(3-1)的关系。当一条支路仅含电流源而不存在与之并联的电阻时,就无法将支路电压用支路电流表示。这种

无并联电阻的电流源称为无伴电流源。当电路中存在这类支路时,必须加以处理才能应用支路电流法。

如果将支路电流用支路电压来表示,然后代入 KCL 方程,连同支路电压的 KVL 方程,就可以得到以支路电压为变量的 b 个方程,这就是支路电压法。

例 3-1 电路如图 3-9 所示,试列出电路的 KVL 方程式。

解 在图 3-9 所示电路中,有 4 个节点、6 条支路、7 个回路、3 个网孔。若对该电路应用支路电流法进行求解,最少要列出 6 个独立的方程式。应用支路电流法,列出相应的方程式如下(首先在图中标出各支路电流的参考方向和回路的参考绕行方向,如带箭头的各虚线所示)。

选择 A、B、C 三个节点作为独立节点,分别列出 KCL 方程式为

$$\left.\begin{aligned} I_1+I_3-I_4 &= 0 \\ I_4+I_5-I_6 &= 0 \\ I_2-I_3-I_5 &= 0 \end{aligned}\right\}$$

选取 Ⅰ、Ⅱ、Ⅲ 三个网孔作为独立回路,分别对网孔列出 KVL 方程,即

$$\left.\begin{aligned} I_1R_1+I_4R_4+I_6R_6 &= U_{s1} \\ I_2R_2+I_5R_5+I_6R_6 &= U_{s2} \\ I_4R_4-I_5R_5+I_3R_3 &= U_{s3} \end{aligned}\right\}$$

图 3-9 例 3-1 图

3.4 网孔电流法

网孔电流法是以网孔电流作为电路的独立变量的方法,仅适用于平面电路,以下通过图 3-10(a)所示电路说明。图 3-10(b)所示的是此电路的图,该电路共有 3 条支路,给定支路编号和参考方向。

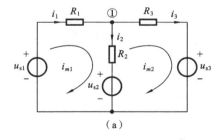
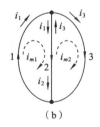

图 3-10 网孔电流法

在节点①应用 KCL,有

$$-i_1+i_2+i_3=0$$

或

$$i_2=i_1-i_3$$

可见 i_2 并不是独立的,它由 i_1、i_3 决定,可以分为两部分,即 i_1 和 i_3。现在想象有两个电流

$i_{m1}(i_1)$ 和 $i_{m2}(i_3)$ 分别沿此平面电路的两个网孔连续流动。由于支路 1 只有电流 i_{m1} 流过,支路电流仍为 i_1,支路 3 只有电流 i_{m2} 流过,支路电流仍等于 i_3,但是支路 2 有两个网孔电流同时流过,支路电流是 i_{m1} 和 i_{m2} 的代数和,即 $i_2 = i_{m1} - i_{m2} = i_1 - i_3$。沿着网孔 1 和网孔 2 流动的假想电流 i_{m1} 和 i_{m2} 称为网孔电流,由于把各支路电流当作有关网孔电流的代数和,必自动满足 KCL,所以用网孔电流作为电路变量时,只需按 KVL 列出电路方程。以网孔电流为未知量,根据 KVL 对全部网孔列出方程。由于全部网孔是一组独立回路,因此这组方程将是独立的。这种方法称为网孔电流法。

现以图 3-9(a)所示电路为例,对网孔 1、2 列出 KVL 方程。列方程时,以各自的网孔电流方向为回路绕行方向,有

$$\left.\begin{array}{r} u_1 + u_2 = 0 \\ -u_2 + u_3 = 0 \end{array}\right\} \tag{3-6}$$

式中:u_1、u_2、u_3 为支路电压。

各支路的 VAR 为

$$\left.\begin{array}{l} u_1 = -u_{s1} + R_1 i_1 = -u_{s1} + R_1 i_{m1} \\ u_2 = R_2 i_2 + u_{s2} = R_2 (i_{m1} - i_{m2}) + u_{s2} \\ u_3 = R_3 i_3 + u_{s3} = R_3 i_{m2} + u_{s3} \end{array}\right\}$$

代入式(3-6)并整理后得

$$\left.\begin{array}{l} (R_1 + R_2) i_{m1} - R_2 i_{m2} = u_{s1} - u_{s2} \\ -R_2 i_{m1} + (R_2 + R_3) i_{m2} = u_{s2} - u_{s3} \end{array}\right\} \tag{3-7}$$

式(3-7)即是用网孔电流为求解对象的网孔电流方程组。

现用 R_{11} 和 R_{22} 分别代表网孔 1 和网孔 2 的自阻,它们分别是网孔 1 和网孔 2 中所有电阻之和,即 $R_{11} = R_1 + R_2$,$R_{22} = R_2 + R_3$;用 R_{12} 和 R_{21} 代表网孔 1 和网孔 2 的互阻,即两个网孔的共有电阻,本例中 $R_{12} = R_{21} = -R_2$。上式可改为

$$\left.\begin{array}{l} R_{11} i_{m1} - R_{12} i_{m2} = u_{s11} \\ R_{21} i_{m1} + R_{22} i_{m2} = u_{s22} \end{array}\right\} \tag{3-8}$$

此方程可理解为 $R_{11} i_{m1}$ 项代表网孔电流 i_{m1} 在网孔 1 内各电阻上引起的电压之和,$R_{11} i_{m2}$ 项代表网孔电流 i_{m2} 在网孔 2 内各电阻上引起的电压之和。由于网孔绕行方向和网孔电流方向取为一致,故 R_{11} 和 R_{22} 总为正值。$R_{12} i_{m2}$ 项代表网孔电流 i_{m2} 在网孔 1 中引起的电压,而 $R_{21} i_{m1}$ 项代表网孔电流 i_{m1} 在网孔 2 中引起的电压。当两个网孔电流在共有电阻上的参考方向相同时,$i_{m2}(i_{m1})$ 引起的电压与网孔 1(2) 的绕行方向一致,则为正,反之为负。为了使方程形式整齐,把这类电压前的"+"或"-"号包括在有关的互阻中。这样,当通过网孔 1 和网孔 2 的共有电阻上的两个网孔电流的参考方向相同时,互阻(R_{12},R_{21})取正,反之取负。在本例中 $R_{12} = R_{21} = -R_2$。

对具有 m 个网孔的平面电路,网孔电流方程的一般形式可以由式(3-8)推广而得,即有

$$\left.\begin{array}{l} R_{11} i_{m1} + R_{12} i_{m2} + R_{13} i_{m3} + \cdots + R_{1m} i_{mm} = u_{s11} \\ R_{21} i_{m1} + R_{22} i_{m2} + R_{23} i_{m3} + \cdots + R_{2m} i_{mm} = u_{s22} \\ \vdots \\ R_{m1} i_{m1} + R_{m2} i_{m2} + R_{m3} i_{m3} + \cdots + R_{mm} i_{mm} = u_{smn} \end{array}\right\} \tag{3-9}$$

式(3-9)中具有相同下标的电阻 R_{11}、R_{22}、R_{33} 等是各网孔的自阻,有不同下标的电阻 R_{12}、R_{13}、R_{23} 等是网孔间的互阻。自阻总是正的,互阻的正负则视两网孔电流在共有支路上参考方向是否相同而定,方向相同时为正,方向相反时为负。显然,如果两个网孔之间没有共有支路,或者有共有支路但其电阻为零(例如共有支路间仅有电压源),则互阻为零。如果将所有网孔电流都取为顺(或逆)时针方向,则所有互阻总是负的。在不含受控源的电阻电路中,$R_{ik}=R_{ki}$,方程右边 u_{s11},u_{s22},$\cdots$ 为网孔 $1,2,\cdots$ 的总电压源的电压,各电压源的方向与网孔电流一致时,前面取"+"号,否则取"−"号。

例 3-2 在图 3-11 所示直流电路中,电阻和电压源均为已知,试用网孔电流法求解各支路电流。

解 电路为平面电路,共有 Ⅰ、Ⅱ、Ⅲ 三个网孔。

(1) 选取网孔电流 I_1,I_2,I_3 如图 3-11 所示。

(2) 列网孔电流方程。

因为
$$R_{11}=(60+20)\ \Omega=80\ \Omega$$
$$R_{22}=(40+20)\ \Omega=60\ \Omega$$
$$R_{33}=(40+40)\ \Omega=80\ \Omega$$
$$R_{12}=R_{21}=-20\ \Omega$$
$$R_{13}=R_{31}=0$$
$$R_{23}=R_{32}=-40\ \Omega$$
$$U_{s11}=(50-10)\ \text{V}=40\ \text{V}$$
$$U_{s22}=10\ \text{V}$$
$$U_{s33}=40\ \text{V}$$

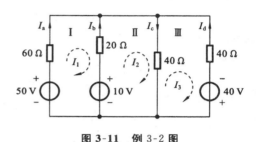

图 3-11 例 3-2 图

所以网孔电流方程为
$$80I_1-20I_2=40$$
$$-20I_1+60I_2-40I_3=10$$
$$-40I_2+80I_3=40$$

解得
$$I_1=0.786\ \text{A}$$
$$I_2=1.143\ \text{A}$$
$$I_3=1.071\ \text{A}$$

各支路电流为
$$I_a=I_1=0.786\ \text{A}$$
$$I_b=-I_1+I_2=0.357\ \text{A}$$
$$I_c=I_2-I_3=0.072\ \text{A}$$
$$I_d=-I_3=-1.071\ \text{A}$$

3.5　回路电流法

网孔电流法仅适用于平面电路,回路电流法则没有限制,它可适用于平面电路或非平面电路。回路电流法是一种适用性较强并获得广泛应用的分析方法。

如同网孔电流是在网孔中连续流动的假想电流一样，回路电流亦是在一个回路中连续流动的假想电流。回路电流法是以一组独立回路电流为电路变量的求解方法，通常选择基本回路作为独立回路。这样，回路电流就将是相应的连支电流。

以图 3-12 所示电路为例，如果选支路(4,5,6)为树，就可以得到以支路(1,2,3)为单连支的 3 个基本回路，它们是独立回路。把连支电流 i_1，i_2，i_3 分别作为在各自单连支回路中流动的假想回路电流 i_{l1}，i_{l2}，i_{l3}。支路 4 为回路 1 和回路 2 共有，而其方向与回路 1 的绕行方向相反，与回路 2 的绕行方向相同。所以有

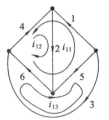

$$i_4 = -i_{l1} + i_{l2}$$

同理，可以得出支路 5 和支路 6 的电流 i_5 和 i_6 为

$$i_5 = -i_{l1} - i_{l3}$$

$$i_6 = -i_{l1} + i_{l2} - i_{l3}$$

图 3-12　回路电流

从以上三式可见，树支电流可以通过连支电流或回路电流表示，即全部支路电流可以通过回路电流表示。

另一方面，如果对节点①、②、③分别列出 KCL 方程，则有

$$i_4 = -i_1 + i_2 = -i_{l1} + i_{l2}$$

$$i_5 = -i_1 - i_3 = -i_{l1} - i_{l3}$$

$$i_6 = -i_1 + i_2 - i_3 = -i_{l1} + i_{l2} - i_{l3}$$

与前述三式相同，可见回路电流的假定自动满足 KCL 方程。

对于具有 b 个支路和 n 个节点的电路，b 个支路电流受到 $(n-1)$ 个 KCL 方程的约束，仅有 $(b-n+1)$ 个，所以（基本）回路电流可以作为电路的独立变量。如果选择的独立回路不是基本（单连支）回路，上述结论同样成立。在回路电流法中，只需按照 KVL 列方程，不必再用 KCL。

对于具有 b 个支路和 n 个节点的电路，回路电流数 $l = b - n + 1$。在 KVL 方程中，支路中各电阻上的电压都可表示为这些回路电流等效后的结果。与网孔电流方程（式(3-9)）相似，可写出回路电流方程的一般形式，即

$$\left.\begin{aligned}
R_{11}i_{l1} + R_{12}i_{l2} + R_{13}i_{l3} + \cdots + R_{1l}i_{ll} &= u_{s11} \\
R_{21}i_{l1} + R_{22}i_{l2} + R_{23}i_{l3} + \cdots + R_{2l}i_{ll} &= u_{s22} \\
&\vdots \\
R_{m1}i_{l1} + R_{m2}i_{l2} + R_{m3}i_{l3} + \cdots + R_{ml}i_{ll} &= u_{smm}
\end{aligned}\right\} \tag{3-10}$$

式中具有相同下标的电阻 R_{11}、R_{22} 等是各回路的自阻，有不同下标的电阻 R_{12}，R_{13}，R_{23} 等是回路间的互阻。自阻总是正的，互阻的正负却取决于相关两个回路共有支路上两回路电流的方向是否相同，相同时取正，相反时取负。显然，若两个回路间无共有电阻，则相应的互阻为零。方程右边的 u_{s11}，u_{s22}，$\cdots$ 分别为各回路 1，2，$\cdots$ 中的电压源的代数和。取和时，与回路电流方向一致的电压源前应取"＋"号，相反取"－"号。

例 3-3　电路如图 3-13 所示，试阐述回路电流法的适用范围。

已知负载电阻 $R_L = 24\ \Omega$，两台发电机的电源电压 $U_{s1} = 130\ \text{V}$，$U_{s2} = 117\ \text{V}$；其内阻 $R_1 =$

$1\ \Omega, R_2 = 0.6\ \Omega$。

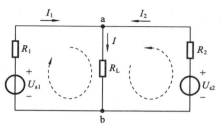

图 3-13 例 3-3 图

解 与例 3-1 用支路电流法求解过程相比较,回路电流法列写的方程数目少,但最后还必须根据回路电流和支路电流之间的关系求出实际支路电流。如果一个复杂的电路中支路数较多、网孔数较少,则回路电流法以列写方程数目少而显示出其优越性。

应用回路电流法的步骤可归纳如下。

(1) 根据给定的电路,先选择一个数确定一组基本回路,并指定各回路电流(即连支电流)的参考方向。

(2) 按一般式(3-10)列出回路电流方程。注意自阻总是正的,互阻的正负则由相关的两个回路电流通过共有电阻时,二者的参考方向是否相同而定。

(3) 当电路中含有受控源或无伴电流源时,需另行处理。

(4) 对于平面电路可用网孔电流法求解。

3.6 节点电压法

在电路中任意选择某一点作为参考节点,其他节点与此参考节点之间的电压称为节点电压。节点电压的参考极性是以参考节点为负,其余独立节点为正。节点电压法以节点电压为求解变量,并对独立节点用 KCL 列出用节点电压表达有关支路电流方程。由于任一支路都连接在两个节点上,根据 KVL,不难断定支路电压是两个节点电压之差。例如,对于图 3-14 所示电路图,节点的编号和支路的编号及参考方向均示于图中。电路的节点数为 4,支路数为 6。以节点①为参考,并令节点①、②、③的节点电压分别用 u_{n1}, u_{n2}, u_{n3} 表示,根据 KVL,可得

$$u_4 + u_2 - u_1 = 0$$

式中:u_1、u_2、u_4 分别为支路 1、2、4 的支路电压。由于 $u_{n1} = u_1, u_{n2} = u_2$,因此有 $u_4 = u_1 - u_2 = u_{n1} - u_{n2}$。可见,支路电压 $u_5 = u_{n2} - u_{n3}, u_6 = u_{n1} - u_{n3}, u_3 = u_{n3}$。全部支路电压可以通过节点电压表示。由于 KVL 已自动满足,所以节点电压法中不必再列 KVL 方程。

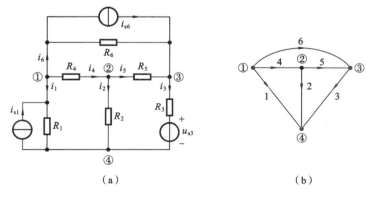

（a） （b）

图 3-14 节点电压法

支路电流 $i_1, i_2, i_3, \cdots, i_6$ 可以分别用有关节点电压表示为

$$
\left.
\begin{aligned}
i_1 &= \frac{u_1}{R_1} - i_{s1} = \frac{u_{n1}}{R_1} - i_{s1} \\[2mm]
i_2 &= \frac{u_2}{R_2} = \frac{u_{n2}}{R_2} \\[2mm]
i_3 &= \frac{u_3 - u_{s3}}{R_3} = \frac{u_{n3} - u_{s3}}{R_3} \\[2mm]
i_4 &= \frac{u_4}{R_4} = \frac{u_{n1} - u_{n2}}{R_4} \\[2mm]
i_5 &= \frac{u_5}{R_5} = \frac{u_{n2} - u_{n3}}{R_5} \\[2mm]
i_6 &= \frac{u_6}{R_6} + i_{s6} = \frac{u_{n1} - u_{n3}}{R_6} + i_{s6}
\end{aligned}
\right\}
\tag{3-11}
$$

对节点①、②、③应用 KCL，有

$$
\left.
\begin{aligned}
i_1 + i_4 + i_6 &= 0 \\
i_2 - i_4 + i_5 &= 0 \\
i_3 - i_5 - i_6 &= 0
\end{aligned}
\right\}
\tag{3-12}
$$

将式(3-11)代入式(3-12)，并整理得

$$
\left.
\begin{aligned}
\left(\frac{1}{R_1} + \frac{1}{R_4} + \frac{1}{R_6}\right)u_{n1} - \frac{1}{R_4}u_{n2} - \frac{1}{R_6}u_{n3} &= i_{s1} - i_{s6} \\[2mm]
-\frac{1}{R_4}u_{n1} + \left(\frac{1}{R_2} + \frac{1}{R_4} + \frac{1}{R_5}\right)u_{n2} - \frac{1}{R_5}u_{n3} &= 0 \\[2mm]
-\frac{1}{R_6}u_{n1} - \frac{1}{R_5}u_{n2} + \left(\frac{1}{R_3} + \frac{1}{R_5} + \frac{1}{R_6}\right)u_{n3} &= i_{s6} + \frac{u_{s3}}{R_3}
\end{aligned}
\right\}
\tag{3-13}
$$

式(3-13)可写为

$$
\left.
\begin{aligned}
(G_1 + G_4 + G_6)u_{n1} - G_4 u_{n2} - G_6 u_{n3} &= i_{s1} - i_{s6} \\
-G_4 u_{n1} + (G_2 + G_4 + G_5)u_{n2} - G_5 u_{n3} &= 0 \\
-G_6 u_{n1} - G_5 u_{n2} + (G_3 + G_5 + G_6)u_{n3} &= i_{s6} + G_3 u_{s3}
\end{aligned}
\right\}
\tag{3-14}
$$

式中：$G_1, G_2, \cdots, G_6$ 为支路 $1, 2, \cdots, 6$ 的电导。列节点电压方程时，可以根据观察按 KCL 直接写出式(3-15)或式(3-16)。为归纳出更为一般的节点电压方程，可令 $G_{11} = G_1 + G_4 + G_6$，$G_{22} = G_2 + G_4 + G_5$，$G_{33} = G_3 + G_5 + G_6$，分别为节点①、②、③的自导，自导总是正的，它等于连于各节点支路电导之和；令 $G_{12} = G_{21} = -G_4$，$G_{13} = G_{31} = -G_6$，$G_{23} = G_{32} = -G_5$ 分别为①、②，①、③和②、③这 3 对节点间的互导，互导总是负的，它们等于连接于两节点间支路电导的负值。方程右边 $i_{s11}, i_{s22}, i_{s33}$ 分别表示注入节点①、②、③的电流。注入电流等于流向节点的电流源的代数和，流入节点的前面取"＋"号，流出节点的取"－"号。注入电流源还包括电压源和电阻串联组合经等效变换后形成的电流源。在上例中，节点③除了有 i_{s6} 流入外，还有电压源 u_{s3} 形成的等效电流源 $\dfrac{u_{s3}}{R_3}$。3 个独立节点的节点电压方程为

$$
\left.
\begin{aligned}
G_{11}u_{n1} + G_{12}u_{n2} + G_{13}u_{n3} &= i_{s11} \\
G_{21}u_{n1} + G_{22}u_{n2} + G_{23}u_{n3} &= i_{s22} \\
G_{31}u_{n1} + G_{32}u_{n2} + G_{33}u_{n3} &= i_{s33}
\end{aligned}
\right\}
\tag{3-15}
$$

推广有

$$G_{11}u_{n1}+G_{12}u_{n2}+G_{13}u_{n3}+\cdots+G_{1,n-1}u_{n,n-1}=i_{s11}$$
$$G_{21}u_{n1}+G_{22}u_{n2}+G_{23}u_{n3}+\cdots+G_{2,n-1}u_{n,n-1}=i_{s22}$$
$$\vdots$$
$$G_{n-1,1}u_{n1}+G_{n-1,2}u_{n2}+G_{n-1,3}u_{n3}+\cdots+G_{n-1,n-1}u_{n,n-1}=i_{s(n-1),(n-1)}$$
$$(3\text{-}16)$$

求得各节点电压后,可以根据 VAR 求出各支路电流。列节点电压方程时,不需要事先指定支路电流的参考方向,节点电压方程本身已经包含了 KVL,而以 KCL 的形式写出,如需要检验答案可由支路电流用 KCL 进行求解。

例 3-4　用节点电压法求解图 3-15 所示电路中各支路电流。

解　取电路中的 B 点作为电路参考点,求出 A 点电位为

$$U_{A}=\dfrac{\dfrac{130}{1}+\dfrac{117}{0.6}}{\dfrac{1}{1}+\dfrac{1}{24}+\dfrac{1}{0.6}}\text{ V}=\dfrac{130+195}{\dfrac{65}{24}}\text{ V}=120\text{ V}$$

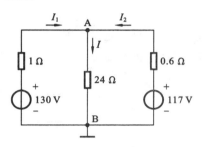

可得

$$I_{1}=\dfrac{130-120}{1}\text{ A}=10\text{ A}$$

$$I_{2}=\dfrac{117-120}{0.6}\text{ A}=-5\text{ A},\quad I_{3}=\dfrac{120}{24}\text{ A}=5\text{ A}$$

图 3-15　例 3-4 电路

例 3-5　用节点电压法求解图 3-16 所示电路,与用回路电流法求解此电路相比较,你能得出什么结论?

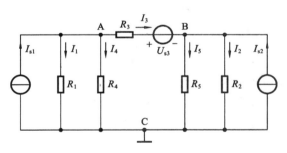

图 3-16　例 3-5 电路

解　用节点电压法求解此电路,由于此电路只有 3 个节点,因此独立节点数为 2,选用节点电压法求解此电路时,只需列出 2 个独立的节点电流方程。

$$\left(\dfrac{1}{R_{1}}+\dfrac{1}{R_{3}}+\dfrac{1}{R_{4}}\right)U_{A}-\dfrac{1}{R_{3}}U_{B}=I_{s1}+\dfrac{U_{s3}}{R_{3}}$$

$$\left(\dfrac{1}{R_{2}}+\dfrac{1}{R_{3}}+\dfrac{1}{R_{5}}\right)U_{B}-\dfrac{1}{R_{3}}U_{A}=I_{s2}-\dfrac{U_{s3}}{R_{3}}$$

再根据 VAR,可求得

$$I_{1}=\dfrac{U_{A}}{R_{1}},\quad I_{2}=\dfrac{U_{B}}{R_{2}},\quad I_{3}=\dfrac{U_{A}-U_{B}-U_{s3}}{R_{3}},\quad I_{4}=\dfrac{U_{A}}{R_{4}},\quad I_{5}=\dfrac{U_{B}}{R_{5}}.$$

如果用回路电流法,由于此电路有 5 个网孔,所以需列 5 个方程式联立求解,显然解题过程比节点电压法繁杂。因此对此类型(支路数多、节点少、回路多)的电路,应选择节点电压法

解题。

节点电压法的步骤可以归纳如下。

（1）指定参考节点，其余节点与参考节点之间的电压就是节点电压。通常参考节点被作为节点电压的负端，即节点电压由其他节点指向参考节点。

（2）按式（3-16）列出节点电压方程，注意自导总是正的，互导总是负的，并注意各节点注入电流前的正负号。

（3）当电路中有受控源或无伴电流源时需要另行处理。

习　　题

1. 指出图题 1 中 KCL、KVL 独立方程数各为多少？

2. 根据图题 2 画出 4 个不同的树，每个树的树支数各为多少？

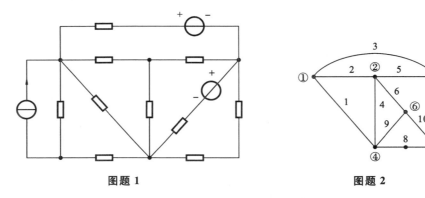

图题 1　　　　　　　　　　　　图题 2

3. 图题 3 所示电路中 $R_1 = R_2 = 10\ \Omega$，$R_3 = 4\ \Omega$，$R_4 = R_5 = 8\ \Omega$，$R_6 = 2\ \Omega$，$u_{s3} = 20\ \text{V}$，$u_{s6} = 40\ \text{V}$，试用支路电流法求解电流 i_5。

4. 用网孔电流法求解图题 3 中的电流 i_5。

5. 用回路电流法求解图题 5 中 5 Ω 电阻中的电流 i。

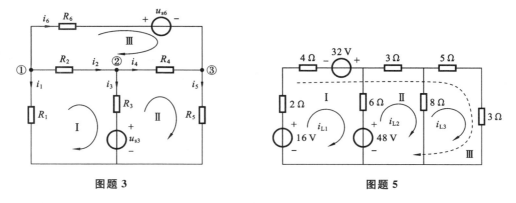

图题 3　　　　　　　　　　　　图题 5

6. 用回路电流法求解图题 6 所示电路中电压 $U_{\circ}$。

7. 列出图题 7 所示电路的节点电压方程。

8. 用节点电压法求解图题 8 所示电路的支路电流。

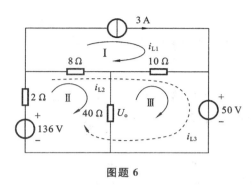

图题 6

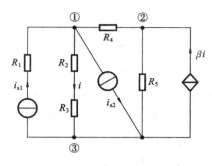

图题 7

9. 图题 9 所示电路中电源为无伴电压源，用节点电压法求解电流 I_s 和 I_o。

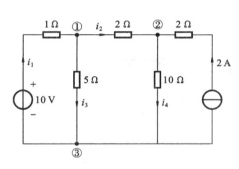

图题 8

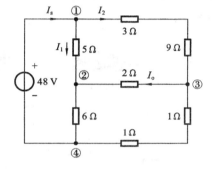

图题 9

10. 用节点电压法求解图题 10 所示电路中的电压 U_o。

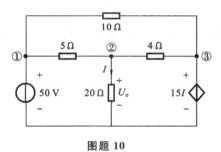

图题 10

实验三　网孔电流和节点电压分析法仿真实验

实验目的：学习使用 Multisim 软件组建简单的直流电路，并使用仿真测量仪表测量电压、电流。通过仿真电路的设计，理解电阻电路的一般分析方法。

1. 网孔电流分析法仿真实验

网孔电流分析法简称网孔电流法，是根据 KVL，以网孔电流为未知量，列出各个网孔回路电压（KVL）方程，并联立求解出网孔电流，再进一步求解出各个支路电流的方法。在 Multisim 10 中，搭建仿真实验电路，并设网孔电流 i_1、i_2、i_3 在网孔中按顺时针方向流动，如实验图 3-1 所示。

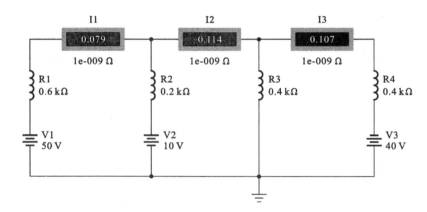

实验图 3-1　网孔电流分析法仿真实验电路

由网孔电流法可以列出 KVL 方程，即

$$\begin{cases} 800i_1 - 200i_2 = 40 \\ -200i_1 + 600i_2 - 400i_3 = 10 \\ -400i_2 + 800i_3 = 40 \end{cases}$$

解得

$$i_1 = 0.079 \text{ A}, \quad i_2 = 0.114 \text{ A}, \quad i_3 = 0.107 \text{ A}$$

在 Multisim 10 中，打开仿真开关，读出三个电流表的数据。并将测量值填入实验表 3-1 中，比较计算值和理论值，验证网孔电流分析法。

实验表 3-1　网孔电流分析法实验数据

实验数据	I_1	I_2	I_3
理论计算值			
仿真测量值			

注：正文中元件符号与图中有区分。例如，I1 对应 I_1，R1 对应 R_1。

2. 节点电压法仿真实验

节点电压是节点相对于参考点的电压降。对于具有 n 个节点的电路一定有 $n-1$ 个独立节点的 KCL 方程。节点电压分析法是以节点电压为变量,列节点电流(KCL)方程求解电路的方法。

在 Multisim 10 中,搭建仿真实验电路,并用节点电压法分析求解流经电阻 R_5 的电流,如实验图 3-2 所示。

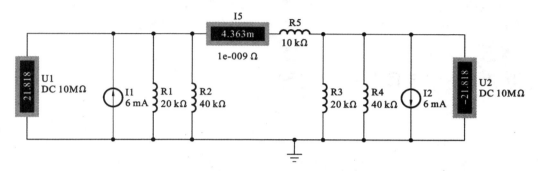

实验图 3-2　节点电压法实验电路

由节点电压法,可列 KCL 方程,即

$$\begin{cases} 0.175U_1 - 0.1U_2 = 6 \\ -0.1U_1 + 0.175U_2 = -6 \end{cases}$$

解得

$$U_1 = 21.818 \text{ V}, \quad U_2 = -21.818 \text{ V}$$

则流经 R_5 的电流 I_5 为

$$I_5 = \frac{U_1 - U_2}{R_5} = 4.363 \text{ mA}$$

在 Multisim 10 中,打开仿真开关,读出 1 个电流表和 2 个电压表的数据,并将测量值填入实验表 3-2 中,比较计算值和理论值,验证节点电压法。

实验表 3-2　节点电压法实验数据

实验数据	U_1	U_2	$U_1 - U_2$	I_5
理论计算值				
仿真测量值				

第4章 电路定理

使用电路定理,可以简化电路的分析计算。本章将讲述电路分析的几个重要定理:叠加定理,齐次定理,替代定理,戴维南定理与诺顿定理,以及如何用电路定理来分析计算电路。

4.1 叠加定理与齐次定理

4.1.1 叠加定理

以图 4-1(a)所示电路为例来说明线性电路的叠加定理。该电路的网孔 KVL 方程为

$$\begin{cases} (R_1+R_2)i_1-R_2i_2=u_s \\ i_2=i_s \end{cases}$$

联立求解得

$$i_1=\frac{1}{R_1+R_2}u_s+\frac{R_2}{R_1+R_2}i_s=Gu_s+\alpha i_s \tag{4-1}$$

式中:$G=\dfrac{1}{R_1+R_2}$,$\alpha=\dfrac{R_2}{R_1+R_2}$ 为两个比例常数,其值完全由电路的结构与参数决定。

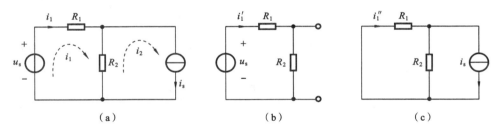

图 4-1 叠加定理说明图

由式(4-1)可见,响应电流 i_1 为激励 u_s 与 i_s 的线性组合函数,它是由两个分量组成的。一个分量 Gu_s 只与 u_s 有关,另一个分量 αi_s 只与 i_s 有关。当 $i_s=0$(就是将电流源 i_s 开路)时,电路中只有 u_s 单独作用,如图 4-1(b)所示。此时得

$$i_1'=\frac{1}{R_1+R_2}u_s=Gu_s \tag{4-2}$$

当 $u_s=0$(就是将电压源 u_s 短路)时,电路中只有 i_s 单独作用,如图 4-1(c)所示。此时有

$$i_1''=\frac{R_2}{R_1+R_2}i_s=\alpha i_s \tag{4-3}$$

由以上两式得

$$i_1=i_1'+i_1''=Gu_s+\alpha i_s \tag{4-4}$$

此结果说明,两个独立电源 u_s 与 i_s 同时作用在电路中所产生的响应 i_1,等于每个独立电源

分别单独作用在电路中所产生响应 i'_1 与 i''_1 的代数和。将此结论推广即得叠加定理：线性电路中所有独立电源同时作用在每一个支路中所产生的响应电流或电压，等于各个独立电源分别单独作用在该支路中所产生响应电流或电压的代数和。叠加定理也称叠加性，它说明了线性电路中独立电源作用的独立性。

应用叠加定理时应特别注意以下几点。

（1）当一个独立电源单独作用时，其他的独立电源应视为零，即独立电压源短路，独立电流源开路。

（2）叠加定理只能用来求解电路中的电压和电流，不能用于计算电路的功率，因为功率是电流或电压的二次函数。

（3）叠加时必须注意到各个响应分量都是代数和，因此要考虑总响应与各分响应的参考方向或参考极性。当分响应的参考方向或参考极性与总响应的参考方向或参考极性一致时，叠加时取"＋"号，反之取"－"号。

（4）对于含受控源的电路，当独立源单独作用时，所有的受控源均应保留，因为受控源不是激励源，且具有电阻性。

例 4-1　对于图 4-2(a)所示电路，试用叠加定理求电压源中的电流 i 和电流源两端的电压 u。

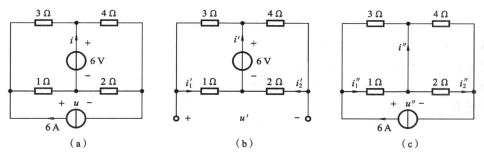

图 4-2　例 4-1 图

解　求解此类电路，应用叠加定理可使计算简便。

当 6 V 电压源单独作用时，6 A 电流源应视为开路，如图 4-2(b)所示，于是有

$$i'_1 = \frac{6}{3+1} \text{ A} = 1.5 \text{ A}$$

$$i'_2 = \frac{6}{4+2} \text{ A} = 1 \text{ A}$$

故

$$i' = i'_1 + i'_2 = 2.5 \text{ A}$$

$$u' = i'_1 - 2i'_2 = -0.5 \text{ V}$$

当 6 A 电流源单独作用时，6 V 电压源应视为短路，如图 4-2(c)所示。于是有

$$i''_1 = \frac{3}{3+1} \times 6 \text{ A} = 4.5 \text{ A}$$

$$i''_2 = \frac{4}{4+2} \times 6 \text{ A} = 4 \text{ A}$$

故

$$i'' = i''_1 - i''_2 = 0.5 \text{ A}$$

$$u'' = i''_1 + 2i''_2 = 12.5 \text{ V}$$

根据叠加定理得
$$i=i'+i''=3 \text{ A}$$
$$u=u'+u''=12 \text{ V}$$

例 4-2　电路如图 4-3(a)所示,试用叠加定理求 3 A 电流源两端的电压 u 和电流 i。

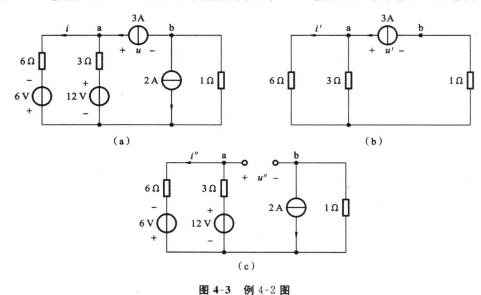

图 4-3　例 4-2 图

解　该电路的独立源较多,共有 4 个,若每一个独立源都单独作用一次,需要叠加 4 次,计算比较繁琐。因此,可以采用"独立源分组"单独作用法求解。当 3 A 电流源单独作用时,令其余的独立源均为零,即 6 V、12 V 电压源应视为短路,2 A 电流源应视为开路,如图 4-3(b)所示。于是有

$$i'=\frac{3}{6+3}\times 3 \text{ A}=1 \text{ A}$$

$$u'=\left(\frac{6\times 3}{6+3}+1\right)\times 3 \text{ V}=9 \text{ V}$$

当 6 V、12 V、2 A 三个独立源分为一组"单独"作用时,3 A 电流源应视为开路,如图 4-3(c)所示。于是有

$$i''=\frac{6+12}{6+3} \text{ A}=2 \text{ A}$$

$$u''=6i''-6+2\times 1=8 \text{ V}$$

故根据叠加定理得
$$i=i'+i''=3 \text{ A}$$
$$u=u'+u''=17 \text{ V}$$

例 4-3　电路如图 4-4(a)所示,试用叠加定理求电压 u 和电流 i。

解　该电路含有受控源。用叠加定理求解含受控源的电路,当某一独立源单独作用时,其余的独立源均应为零,即独立电压源应视为短路,独立电流源应视为开路,但所有的受控源均应保留,因为受控源不是激励,且具有电阻性。

10 V 电压源单独作用时的电路如图 4-4(b)所示,于是有
$$10=(2+1)i'+2i'=5i'$$
故
$$i'=2 \text{ A}$$

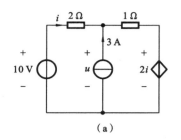
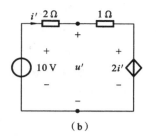
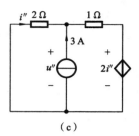

（a）　　　　　　　　　（b）　　　　　　　　　（c）

图 4-4　例 4-3 图

$$u'=1\times i'+2i'=6 \text{ V}$$

3 A 电流源单独作用时的电路如图 4-4(c)所示,于是有

$$-2i''=1\times(i''+3)+2i''$$

故

$$i''=-0.6 \text{ A}$$

$$u''=-2i''=1.2 \text{ V}$$

根据叠加定理可得

$$i=i'+i''=1.4 \text{ A}$$

$$u=u'+u''=7.2 \text{ V}$$

例 4-4　电路如图 4-5 所示。已知 $u_s=1$ V, $i_s=1$ A 时, $u_2=0$ V; $u_s=10$ V, $i_s=0$ A 时, $u_2=1$ V。求 $u_s=0$ V, $i_s=10$ A 时的电压 u_2。

解　根据叠加定理, u_2 应是 u_s 和 i_s 的线性组合函数,即

$$u_2=k_1u_s+k_2i_s$$

式中: k_1, k_2 为比例常数。将已知数据代入上式有

$$\begin{cases} 0=k_1\times1+k_2\times1 \\ 1=k_1\times10+k_2\times0 \end{cases}$$

联立求解得 $k_1=0.1$, $k_2=-0.1$,故

$$u_2=0.1u_s-0.1i_s$$

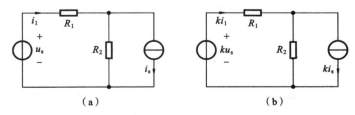

图 4-5　例 4-4 图

将第 3 组已知数据代入上式即得

$$u_2=(0.1\times0-0.1\times10) \text{ V}=-1 \text{ V}$$

4.1.2　齐次定理

线性电路中,若所有的独立源都同时扩大 k 倍,则每个支路电流和支路电压也都随之相应扩大 k 倍,此结论称为齐次定理,也称线性电路的齐次性。证明如下。

电路如图 4-6(a)所示,该电路就是图 4-1(a)所示电路。由式(4-1),已知

（a）　　　　　　　　　　　（b）

图 4-6　齐次定理说明图

$$i_1 = Gu_s + \alpha i_s \tag{4-5}$$

给上式等号两端同乘以常数 k,即

$$ki_1 = Gku_s + \alpha ki_s \tag{4-6}$$

此结果正是齐次定理所表述的内容,电路如图 4-6(b)所示。

例 4-5 电路如图 4-7(a)所示,试用叠加定理求电流 i;再用齐次定理求图 4-7(b)所示电路的电流 i'。

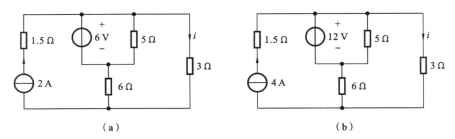

图 4-7 例 4-5 图

解 用叠加定理可求得图 4-7(a)所示电路的电流 $i = 2$ A。又因图 4-7(b)所示电路的两个独立源都扩大了 1 倍,即 $k = 2$,故 $i' = ki = 2i = 2 \times 2 = 4$ A。

推论:若线性电阻电路中只有一个独立源作用,则根据齐次定理,电路的每一个响应都与产生该响应的激励成正比。

例 4-6 电路如图 4-8(a)、(b)所示,求 i_1、u_1 和 i_2、u_2。

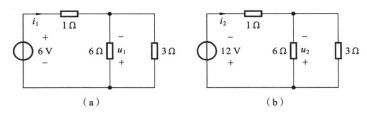

图 4-8 例 4-6 图

解 在图 4-8(a)所示电路中,有

$$i_1 = \frac{6}{\dfrac{6 \times 3}{6+3} + 1} \text{ A} = \frac{6}{3} \text{ A} = 2 \text{ A}$$

$$u_1 = -\frac{3}{3+6} \times 2 \times 6 \text{ V} = -4 \text{ V}$$

在图 4-8(b)所示电路中,由于电压源电压为图 4-8(a)所示电压源电压的(−2)倍,即 $k = -\dfrac{12}{6} = -2$,故

$$i_2 = ki_1 = -2 \times 2 \text{ A} = -4 \text{ A}$$

$$u_2 = ku_1 = -2 \times (-4) \text{ V} = 8 \text{ V}$$

需要指出的是,叠加定理与齐次定理是线性电路两个互相独立的定理,不能用叠加定理代替齐次定理,也不能片面地认为齐次定理是叠加定理的特例。

同时满足叠加定理与齐次定理的电路,称为线性电路。

4.2 替代定理

图 4-9(a)所示电路中,设已知任意第 k 条支路的电压为 u_k,电流为 i_k。现对第 k 条支路作如下两种替代。

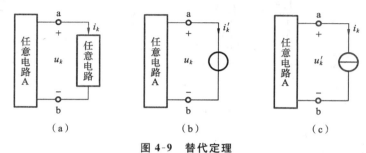

图 4-9 替代定理

(1) 用一个电压等于 u_k 的理想电压源替代,如图 4-9(b)所示。由于这种替代并未改变该支路的电压数值和正负极性,而且已知流过理想电压源的电流只与外电路有关(因 u_k 未变)。现 a、b 两点以左的电路没有改变,故必有 $i'_k = i_k$。则第 k 条支路可用一个电压为 u_k 的理想电压源替代。

(2) 用一个电流等于 i_k 的理想电流源替代,如图 4-9(c)所示。由于这种替代并没有改变该支路电流的数值和方向,而且已知理想电流源的端电压只与外电路有关(因 i_k 未变)。现 a、b 两点以左的电路没有改变,故必有 $u_{k'} = u_k$。则第 k 条支路可用一个电流为 i_k 的理想电流源替代。

以上两种替代统称为替代定理或置换定理。

应用替代定理时必须注意如下几点。

① 替代电压源 u_k 的正负极性必须和原支路电压 u_k 的正负极性一致,替代电流源 i_k 的方向必须和原支路电流 i_k 的方向一致。

② 替代前的电路和替代后的电路的解答均必须是唯一的,否则替代将导致错误。

③ 替代与等效是两个不同的概念,不能混淆。

如图 4-10 所示的两个电路 N_1 与 N_2 可以互相替代,但 N_1 与 N_2 这两个电路对外电路来说却不等效,因为理想电压源与理想电流源的外特性(即 u 与 i 的关系曲线)是根本不相同的。

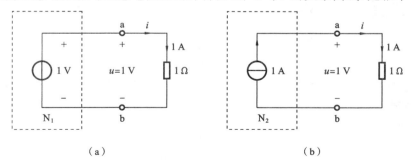

图 4-10 N_1 和 N_2 可互相替代但不等效

替代定理的实用和理论价值在于:

① 在有些情况下可以使电路的求解简便;

② 可以用来推导和证明一些其他的电路定理。

例 4-7　电路如图 4-11(a)所示。已知 $u=8$ V,$i=2$ A,求 R_0 的值。

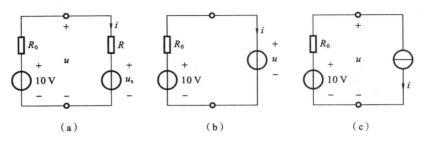

（a）　　　　　　　　（b）　　　　　　　　（c）

图 4-11　例 4-7 图

解　可以用以下两种方法求解。

(1) 一般的方法求解。根据图 4-11(a)所示电路,有

$$R_0 i + u = 10$$

得
$$R_0 = \frac{10-u}{i} = \frac{10-8}{2} \ \Omega = 1 \ \Omega$$

(2) 替代定理求解。若用电压源替代,则如图 4-11(b)所示,故有

$$R_0 i + u = 10$$

解得
$$R_0 = \frac{10-u}{i} = \frac{10-8}{2} \ \Omega = 1 \ \Omega$$

若用电流源替代,则如图 4-11(c)所示,故有

$$R_0 i + u = 10$$

解得
$$R_0 = \frac{10-u}{i} = \frac{10-8}{2} \ \Omega = 1 \ \Omega$$

例 4-8　图 4-12(a)所示电路中,已知 $u_{ab}=4$ V,试用替代定理求电流 i_1、i_2。

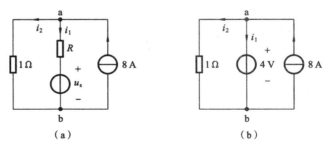

（a）　　　　　　　　　　　　（b）

图 4-12　例 4-8 图

解　将图 4-12(a)所示电路的 ab 支路用一个 $u_{ab}=4$ V 的理想电压源替代,如图 4-12(b)电路所示。故得

$$i_2 = \frac{4}{1} \ A = 4 \ A$$

$$i_1 = 8 - i_2 = (8-4) \ A = 4 \ A$$

例 4-9 电路如图 4-13(a)所示,已知 $u_{ab}=0$,求电阻 R 的值。

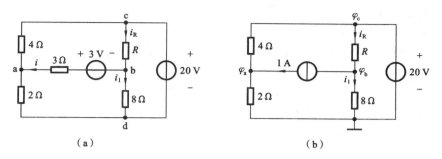

图 4-13 例 4-9 图

解 此题用替代定理求解简便。设 ab 支路中的电流为 i,如图 4-13(a)所示。于是有

$$u_{ab}=-3i+3=0$$

得

$$i=1 \text{ A}$$

可用 1 A 理想电流源替代图 4-13(a)所示支路 ab,如图 4-13(b)所示。然后再用节点电压法对图 4-13(b)所示的电路求解。将 d 点作为参考节点,设各独立节点的电位为 $\varphi_a,\varphi_b,\varphi_c$。于是有

$$\varphi_c=20 \text{ V}$$

对节点 a 列节点电压方程为

$$\left(\frac{1}{2}+\frac{1}{4}\right)\varphi_a-\frac{1}{4}\varphi_c-0\varphi_b=1$$

联立求解得

$$\varphi_a=8 \text{ V}$$

又有

$$u_{ab}=\varphi_a-\varphi_b=0$$

得

$$\varphi_a=\varphi_b=8 \text{ V}$$

设定图 4-13(a)所示各支路电流的大小和参考方向如图 4-13(a)所示,于是有

$$i_1=\frac{\varphi_b-\varphi_d}{8}=1 \text{ A}$$

$$i_R=i+i_1=(1+1) \text{ A}=2 \text{ A}$$

最后得

$$R=\frac{u_{cb}}{i_R}=\frac{\varphi_c-\varphi_b}{2}=\frac{20-8}{2} \text{ Ω}=6 \text{ Ω}$$

4.3 戴维南定理与诺顿定理

任何线性有源的二端网络,就其外部特性而言,可以用一个电压源和一个电阻串联代替(戴维南定理),或者用一个电流源和一个电阻并联代替(诺顿定理)。

4.3.1 戴维南定理

图 4-14(a)所示为一个线性含独立源的单口网络 A。根据替代定理,可用一个电流为 i 的理想电流源来等效替换图 4-14(a)所示电路中的任意电路 B,如图 4-14(b)所示。由于替换后的电路是线性的,根据叠加原理,端口电压 u 等于网络 A 中所有独立源同时作用时所产生

的电压分量 u' 与电流源 i 单独作用时所产生的电压分量 u'' 之和,如图 4-14(c)所示。其中 $u' = u_{oc}$,u_{oc} 即为网络 A 的端口开路电压;$u'' = -R_0 i$,R_0 即为网络 A 的无源网络的端口输入电阻。于是有:$u = u' + u'' = u_{oc} - R_0 i$,如图 4-14(d)所示。最后再把图 4-14(d)所示的理想电流源 i 变回到原来的任意电路 B,如图 4-14(e)所示。这样,在保持端口电压 u 与端口电流 i 的关系(即外特性)不变的条件下,该线性有源单口网络 A 可用一个电压源和内电阻 R_0 等效替换,此电压等于网络 A 的端口开路电压 u_{oc},内电阻 R_0 等于网络 A 内部所有独立源为零时所得无独立源单口网络的端口输入电阻。此结论称为戴维南定理,也称等效电压源定理。

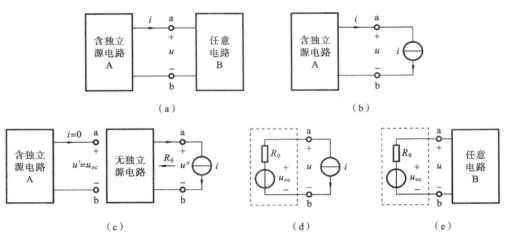

图 4-14　戴维南定理说明图

例 4-10　图 4-15(a)所示电路,用戴维南定理求 i, u, P_R。

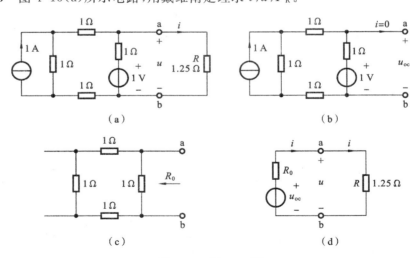

图 4-15　例 4-10 图

解　根据图 4-15(b)所示电路求得端口开路电压 $u_{oc} = 1$ V,根据图 4-15(c)所示电路求得网络的端口输入电阻 $R_0 = 0.75$ Ω,作出等效电压源电路如图 4-15(d)所示。于是得

$$i = \frac{u_{oc}}{R_0 + R} = 0.5 \text{ A}$$

$$u = Ri = 0.625 \text{ V}$$

$$P_R = Ri^2 = ui \approx 0.31 \text{ W}$$

4.3.2　诺顿定理

一个线性含独立源的单口网络 A 在保持端口电压 u 与端口电流 i 的关系曲线不变的条件下,可用一个电流源等效替代,如图 4-16(a)、(b)所示。该电流源的电流等于该线性有源单口网络 A 的端口短路电流 i_{sc},如图 4-16(c)所示;其内电阻 R_0 等于该线性有源单口网络 A 内部所有独立源为零时所得无源单口网络的端口输入电阻,如图 4-16(d)所示。此结论称为诺顿定理,也称等效电流源定理。

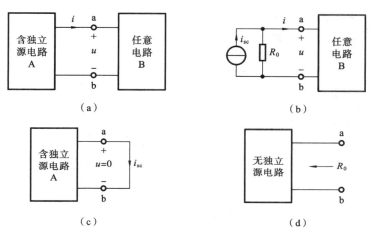

图 4-16　诺顿定理的描述

例 4-11　电路如图 4-17(a)所示,试求 a、b 端口的等效电流源,并求出电压 u 和电流 i。

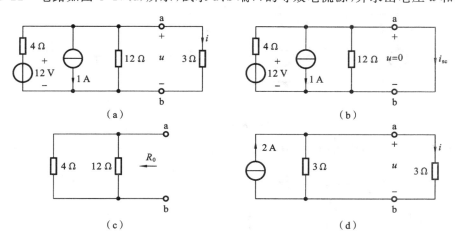

图 4-17　例 4-11 图

解　(1) 根据图 4-17(b)所示电路求 a、b 端口的短路电流 i_{sc},即

$$i_{sc} = \left(\frac{12}{4} - 1 \right) \text{A} = 2 \text{ A}$$

(2) 根据图 4-17(c)所示电路求 a、b 端口的输入电阻 R_0,即

$$R_0 = \frac{4 \times 12}{4 + 12} \, \Omega = 3 \, \Omega$$

（3）画出等效电流源电路如图 4-17(d) 所示。求出

$$i = \frac{1}{2} \times 2 \, \text{A} = 1 \, \text{A}$$

$$u = 3i = 3 \, \text{V}$$

习　题

1. 图题 1 所示电路中，试用叠加定理求电流 i。

2. 图题 2 所示电路中，试用叠加定理求电压 u。

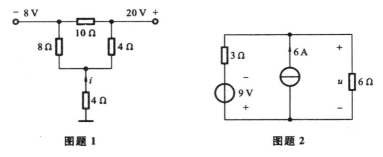

图题 1　　　　　　　　　　　图题 2

3. 图题 3(a)、(b) 所示电路中，试用叠加定理求电流 i。

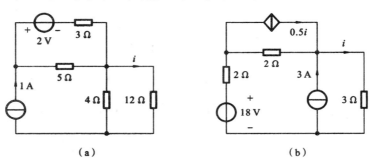

（a）　　　　　　　　　　　（b）

图题 3

4. 电路如图题 4 (a)、(b) 所示，试用叠加定理与齐次定理求电流 i。

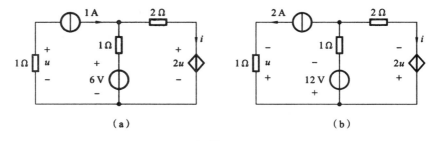

（a）　　　　　　　　　　　（b）

图题 4

5. 电路如图题 5 所示，(1) 试用一个电压源替代 4 A 电流源，而不影响电路中的电压和电

流;(2) 试用一个电流源替代 18 Ω 电阻,而不影响电路中的电压和电流。

6. 图题 6 所示电路中,试用替代定理求电流 i。

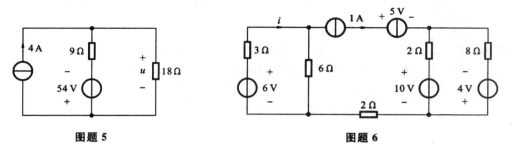

图题 5   图题 6

7. 图题 7 所示电路中,(1) 求端口 a、b 的等效电压源电路与等效电流源电路;(2) 求 $R = 2\ \Omega$ 时的电压 u 和电流 i。

8. 电路如图题 8 所示,已知端口处的伏安关系为 $u = 2 \times 10^3 i + 10$ V,求电路 N 的等效电压源电路与等效电流源电路。

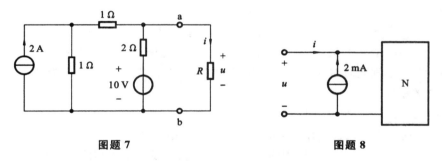

图题 7   图题 8

实验四　叠加定理、等效电源定理仿真实验

实验目的：学习使用 Multisim 软件组建简单直流电路，并使用仿真测量仪表测量电压、电流。通过实验加深对叠加定理和等效电源定理的理解；学习使用受控源；进一步学习使用仿真测量仪表测量电压、电流等变量。

1. 叠加定理仿真实验

（1）叠加定理。

叠加定理描述了线性电路的可加性或叠加性，其内容如下。

在有多个独立源共同作用下的线性电路中，任一电压或电流都是电路中各个独立电源分别单独作用在该处产生的电压或电流的叠加。通过每一个元器件的电流或其两端的电压，都可以看成是由每一个独立源分别单独作用在该元器件上所产生的电流或电压的代数和。

（2）齐性定理。

在线性电路中，当所有激励（电压源和电流源）都同时增大 k 倍（k 为实常数）时，响应（电压或电流）也将同时增大 k 倍，这就是线性电路的齐性定理。这里所说的激励指的是独立电源，并且必须全部激励同时增加 k 倍，否则将导致错误的结果。显然，当电路中只有一个激励时，响应必与激励成正比。

（3）使用叠加原理时应注意以下事项。

① 叠加原理适用于线性电路，不适用于非线性电路。

② 在叠加的各分电路中，不作用的电压源置零，在电压源处用短路代替；不作用的电流源置零，在电流源处用开路代替。电路中的所有电阻都不予更动，受控源则保留在分电路中。

③ 叠加时各分电路中的电压和电流的参考方向可以与原电路取为一致。取和时，应注意各分量前的"＋"、"－"号。

④ 原电路的功率不等于按各分电路计算所得功率的叠加，因为功率是电压和电流的乘积，不满足叠加定律。

（4）实验内容。

自己设计一个电路，要求至少包括两个以上的独立源（一个电压源和一个电流源）和一个受控源，分别测量每个独立源单独作用时产生的响应，并测量所有独立源一起作用时产生的响应，验证叠加定理，并与理论计算值进行比较。

（5）实验数据分析。

① 电流源单独作用时，电路如实验图 4-1 所示。

由基尔霍夫定律可得

$$I - I_{R_1} - I_{R_2} - I_{R_3} - I_{R_4} = 0 \tag{①}$$

$$I_{R_3} = I_{R_2} \tag{②}$$

$$I_{R_1} \times R_1 - I_{R_4} \times R_4 = 0 \tag{③}$$

$$I_{R_1} \times R_1 - I_{R_2} \times R_2 = 0 \tag{④}$$

由式①、②、③、④可解得

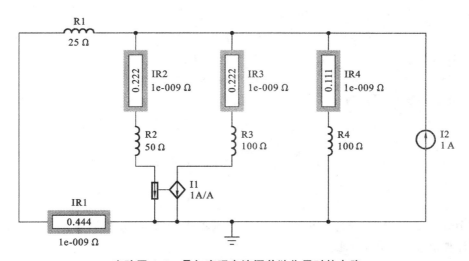

实验图 4-1　叠加定理电流源单独作用时的电路

$$I_{R_1} = \frac{4}{9}\ \text{A} \approx 0.444\ \text{A}, \quad I_{R_2} = I_{R_3} = \frac{2}{9}\ \text{A} \approx 0.222\ \text{A}, \quad I_{R_4} = \frac{1}{9}\ \text{A} \approx 0.111\ \text{A}$$

在误差允许的范围内,理论计算值与实测值相等。

在 Multisim 12 中,打开仿真开关,读出 4 个电流表的数据,并将测量值填入实验表 4-1 中,比较计算值和理论值,验证叠加定理。

实验表 4-1　叠加定理电流源单独作用时实验数据

实验数据	I_{R_1}	I_{R_2}	I_{R_3}	I_{R_4}
理论计算值				
仿真测量值				

② 电压源单独作用时,电路如下实验图 4-2 所示。

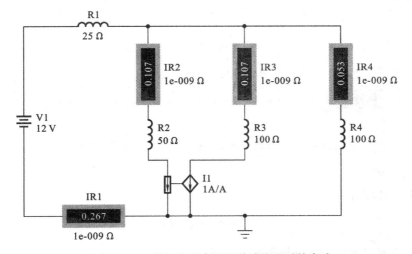

实验图 4-2　叠加定理电压源单独作用时的电路

由基尔霍夫定律可得

$$I_{R_1} - I_{R_2} - I_{R_3} - I_{R_4} = 0 \qquad \text{⑤}$$

$$I_{R_3} = I_{R_2} \qquad \text{⑥}$$

$$U + I_{R_1} \times R_1 + I_{R_4} \times R_4 = 0 \qquad \text{⑦}$$

$$U + I_{R_1} \times R_1 + I_{R_2} \times R_2 = 0 \qquad \text{⑧}$$

由式⑤、⑥、⑦、⑧可解得

$$I_{R_1} = \frac{12}{45} \text{ A} \approx 0.267 \text{ A}$$

$$I_{R_2} = I_{R_3} = \frac{24}{225} \text{ A} \approx 0.106 \text{ A}$$

$$I_{R_4} = \frac{12}{225} \text{ A} \approx 0.053 \text{ A}$$

在 Multisim 10 中，打开仿真开关，读出 4 个电流表的数据，并将测量值填入实验表 4-2 中，比较计算值和理论值，验证叠加定理。

实验表 4-2　叠加定理电压源单独作用时实验数据

实验数据	I_{R_1}	I_{R_2}	I_{R_3}	I_{R_4}
理论计算值				
仿真测量值				

③ 电压源与电流源同时作用，电路如实验图 4-3 所示。

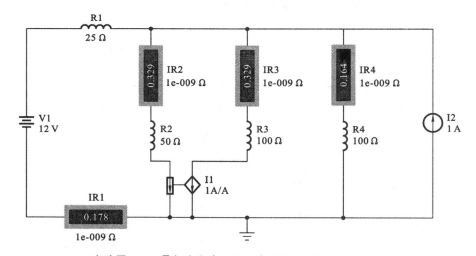

实验图 4-3　叠加定理电压源和电流源同时作用时的电路

④ 理论计算值。

根据叠加定理应有

$$\frac{4}{9} \text{ A} - \frac{12}{45} \text{ A} = \frac{8}{45} \text{ A} \approx 0.178 \text{ A}$$

在误差允许的范围内理论计算值与实测值相等。

在 Multisim 10 中，打开仿真开关，读出 4 个电流表的数据，并将测量值填入实验表 4-3 中，比较计算值和理论值，验证叠加定理。

实验表 4-3　叠加定理电流源电压源共同作用时实验数据

实验数据	I_{R_1}	I_{R_2}	I_{R_3}	I_{R_4}
理论计算值				
仿真测量值				

2. 等效电源仿真实验

(1) 等效电压源(戴维南定理)。

任何一个有源二端线性网络都可用一个理想电压源和内阻为 R_0 串联的电压源来等效替代,理想电压源的电压等于二端网络的开路电压 U_0,即将负载断开后两端的电压,内阻 R_0 为将去除电源后无源网络负载两端的等效电阻。

(2) 等效电流源(诺顿定理)。

任何一个有源二端线性网络都可用一个理想电流源和内阻为 R_0 并联的电流源来等效替代,理想电流源的电流值等于二端网络的短路电流 I_{sc},即将负载短路后的电流,内阻 R_0 为将电源去除后无源网络负载两端的等效电阻。

当电路中含有受控源时,电路的等效电阻可以用两种方法计算。

① 实验法: $R_0 = \dfrac{U_{oc}}{I_{sc}}$;

② 外加电源法:先除去电路中的独立电源,外加电源 U_T, $R_0 = \dfrac{U_T}{I_T}$。

在 Multisim 10 中,搭建仿真实验电路,如实验图 4-4(a)所示。试用戴维南定理求解电阻 R_4 中流过的电流。

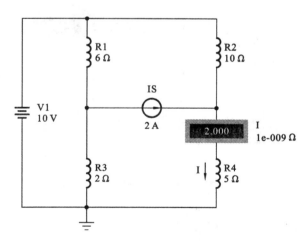

实验图 4-4(a)　戴维南定理实验电路

由戴维南定理可得

$$R_0 = R_2 = 10 \ \Omega$$
$$U_{oc} = I_s R_2 + U_s = (2 \times 10 + 10) \ \text{V} = 30 \ \text{V}$$
$$I = \frac{U_{oc}}{R_0 + R_4} = \frac{30}{10 + 5} \ \text{A} = 2 \ \text{A}$$

在 Multisim 10 中,搭建仿真实验电路,如实验图 4-4(a)所示,读取电流表中的数据并填入实验表 4-4 中。

在 Multisim 10 中，搭建仿真实验电路，如实验图 4-4(b)所示，打开仿真开关，进行仿真测量，求取开路电压 U_{oc}，读出电压表显示的测量数据并填入实验表 4-4 中。

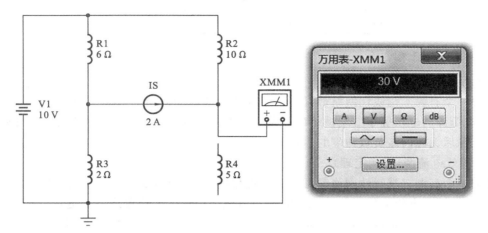

实验图 4-4(b)　测量开路电压 U_{oc}

在 Multisim 10 中，搭建仿真实验电路，如实验图 4-4(c)所示，打开仿真开关，进行仿真测量，求取短路电流 I_{sc}，并读取电流表中的数据并填入实验表 4-4 中。

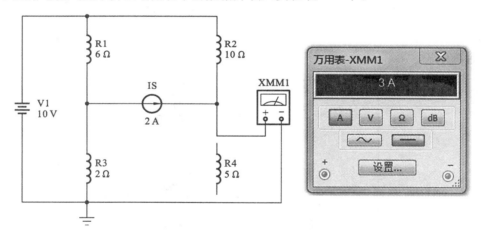

实验图 4-4(c)　测量短路电流 I_{sc}

实验表 4-4　叠加定理电流源电压源共同作用时的实验数据

实验数据	I	U_{oc}	I_{sc}	R_0	$I=\dfrac{U_{oc}}{R_0+R_4}$
理论计算值					
仿真测量值					

将所测得的仿真数据代入 $R_0=\dfrac{U_{oc}}{I_{sc}}$，$I=\dfrac{U_{oc}}{R_0+R_4}$ 中，可以求得流经电阻 R_4 的电流 I，验证戴维南定理。

第 5 章　一 阶 电 路

本章将使用一阶微分方程来讨论 RC 电路和 RL 电路,同时介绍换路定律,引入初始值的确定方法,以及一阶电路时间常数的概念。还将介绍零输入响应、零状态响应、全响应、瞬态分量、稳态分量等重要概念。最后介绍了一阶电路的阶跃响应和冲激响应。

5.1　动态电路的方程及其初始条件

前述电阻电路,由于其元器件具有即时性,电路方程是代数方程,所以响应只与同一时刻的激励有关。当电路含有动态元件电容或电感时,由于动态元件是储能元件,其伏安关系是对时间的导数或积分关系,电路方程是微分方程,因此响应与激励的"历史"有关。对于含有一个电容和一个电阻或者一个电感和一个电阻的电路,当电路的无源元器件都是线性和时不变时,电路方程将是一阶线性常微分方程,相应的电路称为一阶电阻电容电路(简称 RC 电路)或一阶电阻电感电路(简称 RL 电路)。

5.1.1　过渡过程

如图 5-1 所示电路,当开关 S 闭合时,电阻支路的灯泡立即变亮,而且亮度始终不变,说明电阻支路在开关闭合后没有过渡过程,立即进入稳定状态。电感支路的灯泡在开关闭合瞬间不亮,然后逐渐变亮,最后亮度稳定不再变化。电容支路的
灯泡在开关闭合瞬间很亮,然后逐渐变暗直至熄灭。这两个支路的现象说明电感支路的灯泡和电容支路的灯泡都要经历一段过渡过程,最后才达到稳定。一般说来,电路从一种稳定状态变化到另一种稳定状态的中间过程叫做电路的过渡过程。实际电路的过渡过程是从暂时存在到最后消失的过程,称为暂态过程,简称暂态。

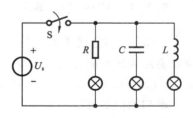

图 5-1　实验电路

过渡过程的研究具有重要意义。因为在电子技术中,利用过渡过程可以产生各种脉冲波形,而且微分电路、积分电路、加速电路等都要使用过渡过程;但对电气设备来说,需防止过渡过程中出现过电压或过电流现象。

5.1.2　换路定律

所谓换路,就是电路工作状况的改变,例如突然接入或切断电源、改变电路的结构和电路中元器件的参数等。含有储能元件 L、C 的电路在换路的时候都会产生过渡过程。若令 $t=0$ 为换路时刻,则用 $t=0_-$ 表示换路前一瞬间,用 $t=0_+$ 表示换路后一瞬间。

换路定律可根据动态元件的伏安关系推导出。根据动态元件的伏安关系，有

对于电容，
$$i_C = C\frac{du_C}{dt}$$

对于电感，
$$u_L = L\frac{di}{dt}$$

当电容电流 i_C 和电感电压 u_L 为有限值，电容电压 u_C 和电感电流 i_L 不能跃变时，有

$$u_C(0_+) = u_C(0_-) \tag{5-1}$$
$$i_L(0_+) = i_L(0_-) \tag{5-2}$$

式(5-1)和式(5-2)称为换路定律，它是电容电压和电感电流连续性的体现。

考虑到电容 C 与其电荷 q、电压 u_C 的关系为
$$q = Cu_C$$

电感与其中的磁通链 ψ、电流 i_L 的关系为
$$\psi = Li_L$$

可以将上述换路定律写成

$$q(0_+) = q(0_-) \tag{5-3}$$
$$\psi(0_+) = \psi(0_-) \tag{5-4}$$

式(5-3)和式(5-4)表明，换路前后电容上的电荷并不能发生突变，电感中的磁通链也不能发生突变。

应用换路定律时应注意如下问题。

(1) 换路定律成立的条件是电容电流 i_C 和电感电压 u_L 必须为有限值，应用前需检查其是否满足该条件。

(2) 除了电容电压和电感电流外，其他元器件上的电流和电压，包括电容电流和电感电压并没有连续性。

5.1.3 初始值的确定

$t = 0_+$ 时刻电路中电流与电压的值称为初始值。根据换路定律，只有电容电压和电感电流在换路瞬间不能突变，一般称 $u_C(0_+)$ 和 $i_L(0_+)$ 为独立初始值；而称其他的初始值 $i_C(0_+)$、$u_L(0_+)$、$u_R(0_+)$、$i_R(0_+)$ 为非独立的初始值。

求初始值的方法和具体步骤如下。

(1) 作 $t = 0_-$ 时刻的等效电路，求出 $u_C(0_-)$ 和 $i_L(0_-)$，此时是换路前稳定状态的最后一个时刻，应将电容看作开路、电感看作短路。

(2) 求 $u_C(0_+)$ 和 $i_L(0_+)$，由换路定律求出换路后瞬间的电容电压和电感电流。

(3) 求 $i_C(0_+)$、$u_L(0_+)$ 和电路其他元器件上的电压和电流；非独立初始值并没有连续性且换路后的响应与换路前的值无关，但此时电容电压 u_C 和电感电流 i_L 已经确定。

作出 $t = 0_+$ 的等效电路的时候，对电容和电流做如下处理。

① 若 $u_C(0_+) = 0$，则可以将电容视为短路（即可用导线将电容置换掉）；若 $u_C(0_+) = U_0 \neq 0$，则可以将电容视为电压为 U_0 的电压源（即可以用电压为 U_0 的电压源置换电容）。

② 若 $i_L(0_+) = 0$，则可以将电感视为开路（即可将电感两端断开处理）；若 $i_L(0_+) = I_0 \neq 0$，则可以将电感视为电流为 I_0 的电流源（即可以用电流为 I_0 的电流源置换电感）。

例 5-1 设图 5-2 所示电路在 $t=0$ 时换路，即开关 S 由位置 1 合到位置 2。若换路前电路已经稳定，求换路后的初始值 $i_1(0_+)$、$i_2(0_+)$ 和 $u_L(0_+)$。

解 （1）作 $t=0_-$ 时刻的等效图如图 5-3 所示，此时电感可看作短路，有

$$i_L(0_+)=i_L(0_-)=\frac{U_s}{R_1}=\frac{9}{3}\ \text{A}=3\ \text{A}$$

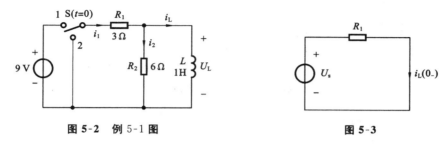

图 5-2　例 5-1 图　　　　　　　　图 5-3

（2）作 $t=0_+$ 时刻的等效图如图 5-4 所示，此时电感相当于一个电流为 3 A 的电流源。最后得到

$$i_1(0_+)=\frac{R_2}{R_1+R_2}i_L(0_+)=\frac{6}{3+6}\times3\ \text{A}=2\ \text{A}$$

$$i_2(0_+)=i_1(0_+)-i_L(0_+)=(2-3)\ \text{A}=-1\ \text{A}$$

$$u_L(0_+)=R_2i_2(0_+)=6\times(-1)\ \text{V}=-6\ \text{V}$$

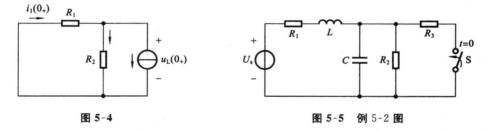

图 5-4　　　　　　　　　　图 5-5　例 5-2 图

例 5-2 图 5-5 所示电路中，已知开关 S 闭合前电路已处于稳态，$U_s=10\ \text{V}$，$R_1=30\ \text{k}\Omega$，$R_2=20\ \text{k}\Omega$，$R_3=40\ \text{k}\Omega$。求开关 S 闭合后各电压、电流的初始值。

解 （1）求 $i_L(0_-)$ 和 $u_C(0_-)$。

根据已知条件，开关 S 闭合前电路已经处于稳态，此时电感可看作短路，电容可看作开路。则 $t=0_-$ 时的等效电路如图 5-6(a) 所示。

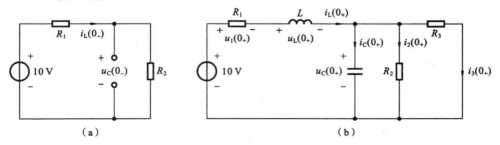

（a）　　　　　　　　　　　　　（b）

图 5-6　$t=0_-$、$t=0_+$ 时的等效电路

（a）$t=0_-$；（b）$t=0_+$

得
$$i_{\mathrm{L}}(0_{-})=\frac{U_{\mathrm{s}}}{R_1+R_2}=\frac{10}{(30+20)\times10^3}\ \mathrm{A}=0.2\ \mathrm{mA}$$

$$u_{\mathrm{C}}(0_{-})=i_{\mathrm{L}}(0_{-})\cdot R_2=4\ \mathrm{V}$$

（2）求 $i_{\mathrm{L}}(0_{+})$ 和 $u_{\mathrm{C}}(0_{+})$。

根据换路定律，有
$$i_{\mathrm{L}}(0_{+})=i_{\mathrm{L}}(0_{-})=0.2\ \mathrm{mA}$$

$$u_{\mathrm{C}}(0_{+})=u_{\mathrm{C}}(0_{-})=4\ \mathrm{V}$$

（3）求其他电压、电流的初始值。

作 $t=0_{+}$ 时刻的等效图如图 5-6(b)所示，得
$$i_1(0_{+})=i_{\mathrm{L}}(0_{+})=0.2\ \mathrm{mA}$$

$$u_1(0_{+})=i_1(0_{+})\cdot R_1=6\ \mathrm{V}$$

$$u_2(0_{+})=u_3(0_{+})=u_{\mathrm{C}}(0_{+})=4\ \mathrm{V}$$

$$i_2(0_{+})=\frac{u_2(0_{+})}{R_2}=0.2\ \mathrm{mA},\quad i_3(0_{+})=\frac{u_3(0_{+})}{R_3}=0.1\ \mathrm{mA}$$

$$i_{\mathrm{C}}(0_{+})=i_{\mathrm{L}}(0_{+})-i_2(0_{+})-i_3(0_{+})=-0.1\ \mathrm{mA}$$

$$u_{\mathrm{L}}(0_{+})=-u_1(0_{+})+U_{\mathrm{s}}-u_{\mathrm{C}}(0_{+})=0$$

例 5-3　已知图 5-7 所示电路中 $U_{\mathrm{s}}=10\ \mathrm{V},R_1=R_2=1\ \mathrm{k\Omega},C=1\ \mu\mathrm{F}$，且开关闭合前电路已处于稳态，开关 S 在 $t=0$ 时刻闭合，求开关闭合后各电压、电流的初始值。

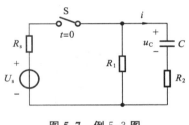

图 5-7　例 5-3 图

解　（1）求 $u_{\mathrm{C}}(0_{-})$。

根据已知条件，开关闭合前电路已处于稳态，电容可看作开路，得
$$i_{\mathrm{L}}(0_{-})=0,\quad u_{\mathrm{C}}(0_{-})=0$$

（2）求 $u_{\mathrm{C}}(0_{+})$。

根据换路定律有
$$u_{\mathrm{C}}(0_{+})=u_{\mathrm{C}}(0_{-})=0$$

（3）求其他电压、电流的初始值。

由 $u_{\mathrm{C}}(0_{+})=0$ 可知，此时电容相当于短路，有
$$i(0_{+})=\frac{U_{\mathrm{s}}}{R_2}=\frac{10}{1\times10^3}\ \mathrm{A}=10\times10^{-3}\ \mathrm{A}=10\ \mathrm{mA}$$

5.2　一阶电路的零输入响应

零输入响应是指动态电路在换路后没有外施激励源时，仅由电路中的动态元件电容或电感元件的初始储能，在电路中产生的电压、电流响应。

5.2.1　RC 串联电路的零输入响应

在图 5-8 所示 RC 电路中，设开关 S 闭合前，电容 C 已充电，其电压 $u_{\mathrm{C}}(0_{-})=U_0$。开关闭合后，电容的储能将通过电阻以热能的形式释放出来。若将开关 S 动作的时刻作为计时起点（$t=0$）。求开关 S 合上后在外施电源为零时电路的零输入响应。

以下讨论该问题。

（1）$t > 0$ 时，根据 KVL 可得

$$u_C(t) = u_R(t) = Ri(t)$$

（2）代入微分关系

$$i(t) = i_C(t) = -C\frac{du_C(t)}{dt}$$

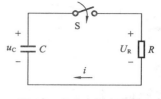

图 5-8　RC 串联电路的
零输入响应图

其中，负号是由于电容两端电压与电流的参考方向相反，可得

$$RC\frac{du_C(t)}{dt} + u_C(t) = 0$$

这是一阶齐次微分方程，令方程的通解为

$$u_C(t) = Ae^{pt}$$

可得

$$RCpAe^{pt} + Ae^{pt} = 0$$

特征方程为

$$RCp + 1 = 0$$

特征根为

$$p = -\frac{1}{RC}$$

（3）由换路定律

$$u_C(0_+) = u_C(0_-) = Ae^0 = U_0$$

代入通解

$$u_C(t) = Ae^{pt}$$

可得常数

$$A = U_0$$

这样，求得满足初始值的微分方程的解为

$$u_C(t) = u_C(0_+)e^{-\frac{t}{RC}} = U_0 e^{-\frac{t}{RC}} \tag{5-5}$$

电路中的电流和电阻上的电压分别为

$$i(t) = -C\frac{du_C(t)}{dt} = \frac{U_0}{R}e^{-\frac{t}{RC}}$$

$$u_R(t) = u_C(t) = U_0 e^{-\frac{t}{RC}}$$

式中：常取 $t = RC$，称为时间常数。

从以上表达式可以看出，电压 $u_C(t)$、$u_R(t)$ 及电流 i 都是按同样的指数规律进行衰减的，衰减的快慢取决于指数中时间常数 RC 的大小。

5.2.2　RL 串联电路的零输入响应

RL 电路的零输入响应的分析方法与 RC 电路类似。

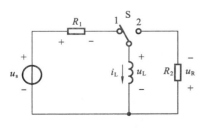

图 5-9　RL 串联电路的零输入响应图

如图 5-9 所示，设电路在开关 S 动作前已处于稳态，电感中的电流 $i_L(0_-) = \frac{U_0}{R_0} = I_0$，$t = 0$ 时，开关由 1 合到 2，求开关合向 2 后 RL 电路的零输入响应。

（1）$t > 0$ 时，根据 KVL 可得

$$u_L(t) + u_R(t) = 0$$

（2）以 $i_L(t)$ 为未知量，建立微分方程。

电感两端电压与电流为关联参考方向，代以

$$u_L(t) = L \frac{di_L(t)}{dt},$$

$$u_R(t) = Ri_L(t)$$

得

$$L \frac{di_L(t)}{dt} + Ri_L(t) = 0$$

这也是一个一阶齐次微分方程,令

$$i_L(t) = Ae^{pt}$$

有

$$LpAe^{pt} + RAe^{pt} = 0$$

特征方程为

$$Lp + R = 0$$

特征根为

$$p = -\frac{R}{L}$$

（3）由换路定律,有

$$i_L(0_+) = i_L(0_-) = I_0$$

得常数

$$A = I_0$$

这样求得满足初始值的微分方程解为

$$i_L(t) = i_L(0_+)e^{-\frac{R}{L}t} = I_0 e^{-\frac{R}{L}t} \tag{5-6}$$

电感和电阻上的电压分别为

$$u_L(t) = L \frac{di_L(t)}{dt} = -RI_0 e^{-\frac{R}{L}t}$$

$$u_R(t) = -u_L(t) = RI_0 e^{-\frac{R}{L}t}$$

与 RC 电路类似,取 $\tau = \frac{L}{R}$ 为时间常数。

由以上表达式可得,电流 $i_L(t)$ 及电压 $u_L(t)$ 及 $u_R(t)$ 都是按同样的指数规律衰减的,衰减的快慢取决于指数中时间常数 $\frac{L}{R}$ 的大小。

在求解一阶电路的零输入响应问题时,可直接运用式(5-5)和式(5-6)。

例 5-4 图 5-10(a)所示电路中,$R_1 = 3\ \mathrm{k\Omega}$,$R_2 = 6\ \mathrm{k\Omega}$,$C = 1\ \mu\mathrm{F}$。开关 S 原来接于位置 1,当 $t = 0$ 时,S 突然换接于位置 2,此时 $u_C(0_-) = 12\ \mathrm{V}$,求 $t > 0$ 时的响应 u_C、i_1 和 i_2。

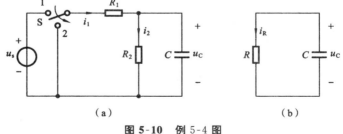

图 5-10 例 5-4 图

解 （1）求初始值 $u_C(0_+)$。

当 $t = 0$ 时,S 合于位置 2 后的等效电路如图 5-10(b)所示。图中等效电阻 R 为 R_1 与 R_2 构成的并联连接,R 的大小为

$$R = \frac{R_1 R_2}{R_1 + R_2} = 2\ \mathrm{k\Omega}$$

已知 $u_C(0_-)=12$ V，根据换路定律，有

$$u_C(0_+)=u_C(0_-)=12 \text{ V}$$

（2）求时间常数 τ。

$$\tau=RC=2\times10^3\times10^{-6}=2\times10^{-3} \text{ s}$$

（3）求零输入响应。

$$u_C(t)=u_C(0_+)\mathrm{e}^{-\frac{t}{\tau}}=12\mathrm{e}^{-500t} \text{ V} \quad (t\geqslant0)$$

于是得

$$i_1(t)=-\frac{u_C}{R_1}=-4\times10^{-3}\mathrm{e}^{-500t} \text{ A}$$

$$i_2(t)=\frac{u_C}{R_2}=2\times10^{-3}\mathrm{e}^{-500t} \text{ A} \quad (t>0)$$

5.3　一阶电路的零状态响应

零状态响应是指电路在零初始状态（动态元件电感或电容初始储能为 0）下换路，且外施激励源不为 0 的情况下产生的电压、电流响应。

5.3.1　RC 串联电路的零状态响应

如图 5-11 所示 RC 串联电路中，开关 S 闭合前电路处于零初始状态，即 $u_C(0_-)=0$。在 $t=0$ 时，开关 S 闭合，求开关 S 闭合后电路的零状态响应。

（1）$t>0$ 时，根据 KVL 可得

$$u_R(t)+u_C(t)=u_s$$

（2）以 $u_C(t)$ 为未知量建立微分方程，因

$$i_C(t)=C\frac{du_C(t)}{dt}$$

可得

$$RC\frac{du_C(t)}{dt}+u_C(t)=u_s$$

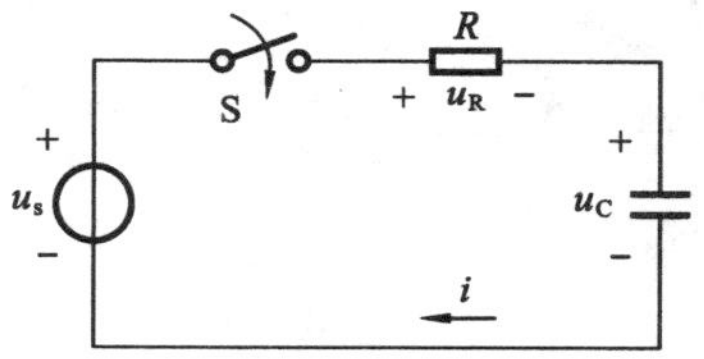

图 5-11　RC 串联电路的零状态响应图

这是一个一阶线性常系数非齐次微分方程。它的全解由特解 u'_C 和对应的齐次方程的通解 u''_C 叠加而成。

由

$$RC\frac{du'_C(t)}{dt}+u'_C(t)=u_s$$

得特解

$$u'_C=u_s$$

特解是充电结束后电路达到新的稳态时的稳态值，称为稳态分量。

由

$$RC\frac{du''_C(t)}{dt}+u''_C(t)=0$$

得通解

$$u''_C=A\mathrm{e}^{-\frac{t}{RC}}$$

通解代表的是瞬态分量，该分量在达到新稳态后便衰减为零。

全解为

$$u_C(t)=u_s+A\mathrm{e}^{-\frac{t}{RC}}$$

（3）根据换路定律，有

$$u_C(0_+)=u_C(0_-)=0$$

$$0 = u_s + A$$

$$A = -u_s$$

得到
$$u_C(t) = u_s - u_s e^{-\frac{t}{RC}} = u_s(1 - e^{-\frac{t}{RC}}) \tag{5-7}$$

或者
$$u_C(t) = u_s(1 - e^{-\frac{t}{\tau}})$$

$$i_C(t) = C \frac{du_C(t)}{dt} = \frac{u_s}{R} e^{-\frac{t}{\tau}}$$

$$u_R(t) = Ri(t) = u_s e^{-\frac{t}{RC}}$$

5.3.2   RL 串联电路的零状态响应

图 5-12 所示电路中，已知在开关 S 闭合前，电感中的电流的初始值为零，求开关 S 闭合后，电路的零状态响应。

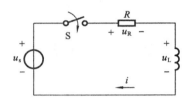

图 5-12 RL 串联电路的 零状态响应图

（1）根据基尔霍夫定理，开关 S 合上后，有

$$u_L(t) + u_R(t) = u_s$$

（2）以 $i_L(t)$ 为未知量，建立微分方程

因
$$u_L(t) = L \frac{di_L(t)}{dt}$$

且电感两端电压与电流参考方向一致，得

$$L \frac{di_L(t)}{dt} + Ri_L(t) = u_s$$

与 RC 电路分析类似，该方程的解也由特解 i_L' 和对应齐次方程的通解 i_L'' 叠加而成。

由
$$L \frac{di_L'(t)}{dt} + Ri_L'(t) = u_s$$

得特解
$$i_L' = \frac{u_s}{R}$$

由
$$L \frac{di_L'(t)}{dt} + Ri_L'(t) = 0$$

得通解
$$i_L'' = A e^{-\frac{R}{L}t}$$

全解为
$$i_L(t) = \frac{u_s}{R} + A e^{-\frac{R}{L}t}$$

（3）根据换路定理，有
$$i_L(0_+) = i_L(0_-) = 0$$

$$0 = \frac{u_s}{R} + A$$

$$A = -\frac{u_s}{R}$$

得
$$i_L(t) = \frac{u_s}{R} + \frac{u_s}{R} e^{-\frac{R}{L}t} = \frac{u_s}{R}(1 - e^{-\frac{R}{L}t}) \tag{5-8}$$

或者
$$i_L(t) = \frac{u_s}{R}(1 - e^{-\frac{t}{\tau}})$$

$$u_L(t) = L \frac{di_L(t)}{dt} = u_s e^{-\frac{t}{\tau}}$$

$$u_R(t) = u_s - u_L(t) = u_s(1 - e^{-\frac{t}{\tau}})$$

在式(5-7)和式(5-8)中，u_s 为电容电压 u_C 当 $t \to +\infty$ 时的稳态值 $u_C(\infty)$；而 $\dfrac{u_s}{R}$ 为电感电流 i_L 当 $t \to +\infty$ 时的稳态值 $i_L(+\infty)$，则式(5-7)和式(5-8)更广义的写法为

$$i_L(t) = i_L(\infty)(1 - e^{-\frac{R}{L}t}) \tag{5-9}$$

$$u_C(t) = u_C(\infty)(1 - e^{-\frac{t}{RC}}) \tag{5-10}$$

在求解一阶电路零状态响应的问题时，可直接运用式(5-9)及式(5-10)。

例 5-5　图 5-13(a)所示电路中，开关 S 闭合时电路已经处于稳态，已知 $R_1 = 5\ \Omega$，$R_2 = R_3 = 10\ \Omega$，$L = 2\ \mathrm{H}$，在 $t = 0$ 时刻将开关 S 打开，求 $t > 0$ 后的 i_L 和 u_L。

解　(1) 求稳态值 $i_L(+\infty)$。

当 $t = 0$ 时，开关 S 打开后，电路再次到达稳态时的等效电路如图 5-13(b)所示。

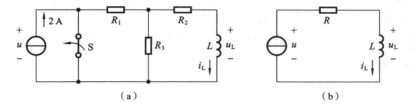

图 5-13　例 5-5 图

由于电路处于稳态时电感相当于短路，故图中等效电阻 R 为 R_2 与 R_3 并联后再与 R_1 构成的串联连接的电阻，R 的大小为

$$R = R_1 + \frac{R_2 R_3}{R_2 + R_3} = (5 + 5)\ \Omega = 10\ \Omega$$

2A 电流源两端电压为

$$u = 2 \times 10\ \mathrm{V} = 20\ \mathrm{V}$$

$$i_L(\infty) = \frac{u}{R} = \frac{20}{10}\ \mathrm{A} = 2\ \mathrm{A}$$

(2) 求时间常数 τ。

$$\tau = \frac{L}{R} = \frac{2}{10}\ \mathrm{s} = 0.2\ \mathrm{s}$$

(3) 求零状态响应。

$$i_L(t) = \frac{u}{R}(1 - e^{-\frac{t}{\tau}}) = i_L(\infty)(1 - e^{-\frac{t}{\tau}}) = 2(1 - e^{-5t})\ \mathrm{A}, \quad t \geqslant 0$$

$$u_L(t) = L\frac{\mathrm{d}i_L}{\mathrm{d}t} = 20e^{-5t}\ \mathrm{V}, \quad t > 0$$

5.4　一阶电路的全响应

当一阶电路的电容或电感的初始值不为零，同时又有外施电源作用时，电路的响应称为一阶电路的全响应。

5.4.1 全响应的两种分解方式

根据叠加原理,一阶电路的全响应可分解为元器件储能形成的零输入响应和外部电源单独作用形成的零状态响应,即

$$全响应 = 零输入响应 + 零状态响应$$

对于图 5-8 所示的 RC 电路,如果在开关闭合前电容已充电至 U_0,并且极性如图 5-8 所示,则电路的全响应为

$$u_C(t) = U_0 e^{-\frac{t}{\tau}} + u_s(1 - e^{-\frac{t}{\tau}}) \tag{5-11}$$

或

$$u_C(t) = u_s + (U_0 - u_s)e^{-\frac{t}{\tau}} \tag{5-12}$$

式中:

$$\tau = RC$$

对具体 RC 电路而言,就是看作一方面已充电的电容经过电阻放电(电源短路);另一方面,电源对没有充过电的电容器充电,二者相加便得到全响应。

对于图 5-9 所示的 RL 电路,如果电感中电流的初始值不为零,而是 I_0,并且极性如图5-9 所示,则电路全响应为

$$i_L(t) = I_0 e^{-\frac{t}{\tau}} + \frac{u_s}{R}(1 - e^{-\frac{t}{\tau}}) \tag{5-13}$$

或

$$i_L(t) = \frac{u_s}{R} + \left(I_0 - \frac{u_s}{R}\right)e^{-\frac{t}{\tau}} \tag{5-14}$$

式中:

$$\tau = \frac{L}{R}$$

从式(5-11)和式(5-13)可以看出,右边第一项均为零输入响应,而第二项均为零状态响应,结果为二者之和,满足叠加定理。

从式(5-12)和式(5-14)可以看出,右边第一项均为稳态分量,而第二项均为瞬态分量,它是随时间的增长而按指数规律逐渐衰减为零的。所以,全响应又可以表示为

$$全响应 = 稳态分量 + 瞬态分量$$

无论采取哪种分解方法,只不过是方法不同,真正的响应仍然是全响应,是由初始值、稳态解和时间常数三个要素决定的,这一点在上述四个公式中均有体现。

5.4.2 三要素法

下面介绍的三要素法对于分析复杂一阶电路相当简便。

一阶电路都只会有一个电容(或电感元件),尽管其他支路可能由许多的电阻、电源、受控源等构成。但是将动态元件独立开来,其他部分可以看成是一个端口的电阻电路,根据戴维南定理或诺顿定理可将复杂的网络简化成如图 5-14 所示的简单电路。

由图 5-14(b)可知,电容上的电压 u_C 为

$$u_C(t) = u_{oc} + [u_C(0_+) - u_{oc}]e^{-\frac{t}{\tau}}$$

式中: $\tau = R_{eq}C$; u_{oc} 为一端口网络 N 的开路电压,由于 $u_{oc} = \lim u_C(t) = u_C(+\infty)$,所以上式可以改写成

$$u_C(t) = u_C(+\infty) + [u_C(0_+) - u_C(+\infty)]e^{-\frac{t}{\tau}} \tag{5-15}$$

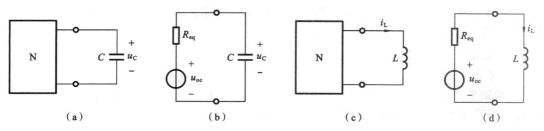

图 5-14 复杂一阶电路的全响应

同理,根据图 5-14(d)可以直接写出电感电流的表达式为

$$i_L(t) = i_L(+\infty) + [i_L(0_+) + i_L(+\infty)]e^{-\frac{t}{\tau}} \tag{5-16}$$

式中:

$$\tau = \frac{L}{R_{eq}}, \quad i_L(+\infty) = \frac{u_{oc}}{R_{eq}}$$

为 i_L 的稳态分量。

由以上分析可以看出,全响应总是由初始条件、稳态特解和时间常数三个要素来决定的。在直流电源激励下,若初始条件为 $f(0_+)$,稳态解为 $f(+\infty)$,时间常数为 τ,则全响应 $f(t)$ 可表示为

$$f(t) = f(+\infty) + [f(0_+) - f(+\infty)]e^{-\frac{t}{\tau}} \tag{5-17}$$

如果已经确定一阶电路的 $f(0_+)$、$f(+\infty)$ 和 τ 三个要素,完全可以根据式(5-17)直接写出电流激励下一阶电路的全响应,称为三要素法。

一阶电路在正弦激励源的作用下,由于电路的特解 $f'(t)$ 是时间的正弦函数,则式(5-17)可以写为

$$f(t) = f'(t) + [f(0_+) - f'(0_+)]e^{-\frac{t}{\tau}}$$

式中:$f'(t)$ 是特解,为稳态响应;$f'(0_+)$ 是 $t=0_+$ 时稳态响应的初始值。

例 5-6 图 5-15 所示电路中,已知开关 S 闭合前,电容 C 有初始储能,且 $C=1$ F,$u_C(0_-)=1$ V,$R=1$ Ω。在 $t=0$ 时将开关 S 闭合,求 $t>0$ 后的 i_C、u_C 及电流源两端的电压。

解 (1) 求初始值 $u_C(0_+)$。

根据已知条件,电容 C 有初始储能,且 $u_C(0_-)=1$ V,
当 $t=0$ 时,开关 S 闭合后发生换路,根据换路定理,有

$$u_C(0_+) = u_C(0_-) = 1 \text{ V}$$

(2) 求稳态值 $u_C(+\infty)$。

当开关 S 闭合且 $t \to +\infty$ 时,电容相当于开路。

$$u_C(+\infty) = 10 + 1 \times R = 11 \text{ V}$$

(3) 求时间常数 τ。

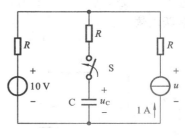

图 5-15 例 5-6 图

$$\tau = R_{eq}C = 2RC = 2 \times 1 \text{ s} = 2 \text{ s}$$

(4) 求全响应。

$$u_C(t) = u_C(+\infty) + [u_C(0_+) - u_C(+\infty)]e^{-\frac{t}{\tau}} = 11 - 10e^{-0.5t} \text{ V} \quad (t \geq 0)$$

于是

$$i_C(t) = C\frac{du_C}{dt} = 5e^{-0.5t} \text{ A}$$

$$u(t) = R \cdot i_C + R \cdot 1 + u_C = 12 - 5e^{-0.5t} \text{ V} \quad (t > 0)$$

三要素法是依据一阶电路在恒定激励源下的响应规律总结出来的一种简单分析方法。这种方法只有在下列两个条件都成立时才可应用。

（1）电路为一阶电路；

（2）激励是恒定的。

当激励信号随时间变化而变化时，如激励为阶跃函数或冲激函数，则不能应用三要素法进行求解，接下来的两节将针对这两种情况进行分析。

5.5 一阶电路的阶跃响应

5.5.1 单位阶跃函数

一般来说，具有第一类间断点或其微分具有间断点的函数，通常都是奇异函数。近代电路的重要特征之一就是引用了奇异函数并用它来表示电路变量的波形及函数。奇异函数是最接近开关信号的理想模型，它对我们进一步分析一阶电路响应非常重要。

单位阶跃函数是奇异函数的一种，其数学定义为

$$\varepsilon(t)=\begin{cases}0, & t\leqslant 0_-\\ 1, & t\geqslant 0_+\end{cases}$$

它在$(0_-,0_+)$时域内发生单位阶跃。这个函数可以用来描述开关动作，表示电路在$t=0$时刻发生换路，是最接近开关信号的理想模型，所以有时也称其为开关函数。

定义任一时刻t_0（t_0为正实常数）起始的阶跃函数为

$$\varepsilon(t-t_0)=\begin{cases}0, & t\leqslant t_0\\ 1, & t\geqslant t_0\end{cases}$$

如图 5-16(b)所示，$\varepsilon(t-t_0)$起作用的时间比 $\varepsilon(t)$ 滞后了 t_0，可看作是 $\varepsilon(t)$ 在时间轴上向后移动了一段时间 t_0，称为延时的单位阶跃函数。类似地，也有如图 5-16(c)所示的超前的单位阶跃函数。

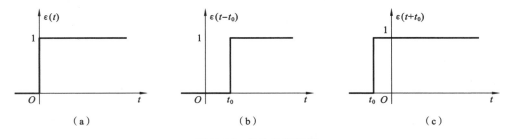

（a）　　　　　　　　　　（b）　　　　　　　　　　（c）

图 5-16　单位阶跃函数

（a）单位阶跃函数；　（b）延时的单位阶跃函数；　（c）超前的单位阶跃函数

5.5.2 单位阶跃响应

电路在单位阶跃函数激励源作用下产生的零状态响应称为单位阶跃响应。

1. RC 电路的单位阶跃响应

对图 5-17 所示的 RC 电路而言，外施激励不是直流电压源，而是阶跃函数 $\varepsilon(t)$，则 RC 电路中电容电压的单位阶跃响应为

$$u_C = (1 - e^{-\frac{t}{\tau}})\varepsilon(t) \tag{5-18}$$

2. RL 电路的单位阶跃响应

对于简单的 RL 电路来说，当激励源为阶跃函数 $\varepsilon(t)$ 时，电路中的电感电流的单位阶跃响应为

$$i_L = \frac{1}{R}(1 - e^{-\frac{t}{\tau}})\varepsilon(t) \tag{5-19}$$

单位阶跃函数可以用来表示复杂的信号，如矩形脉冲信号。

对于图 5-18(a) 所示的幅度为 1 的矩形脉冲，可以把它看作是由如图 5-18(b) 所示两个阶跃函数组成的，可用数学表达式表示为

$$f(t) = \varepsilon(t) - \varepsilon(t - t_0)$$

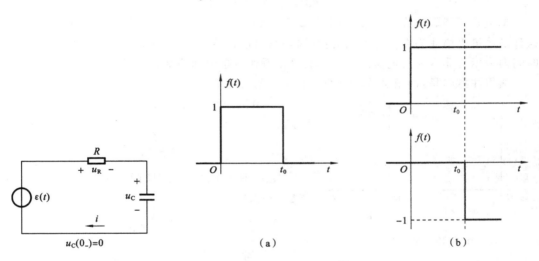

图 5-17 RC 电路的单位阶跃响应 　　　　　　　　　图 5-18

例 5-7　用阶跃函数分别表示图 5-19 所示的函数 $f(t)$。

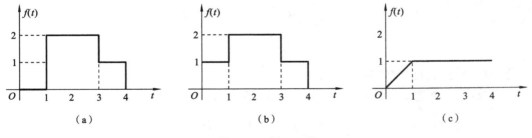

图 5-19　例 5-7 图

解　对于图 5-19(a) 所示函数，有

$$f(t) = 2\varepsilon(t - 1) - \varepsilon(t - 3) - \varepsilon(t - 4)$$

对于图 5-19(b)所示函数,有

$$f(t) = \varepsilon(t) + \varepsilon(t-1) - \varepsilon(t-3) - \varepsilon(t-4)$$

对于图 5-19(c)所示函数,有

$$f(t) = t[\varepsilon(t) - \varepsilon(t-1)] + \varepsilon(t-1)$$

5.6 一阶电路的冲激响应

5.6.1 单位冲激函数

单位冲激函数也是一种奇异函数,其数学定义为

$$\begin{cases} \int_{-\infty}^{+\infty} \delta(t)\mathrm{d}t = 1 \\ \delta(t) = 0, \quad t \neq 0 \end{cases}$$

单位阶跃函数又称 δ 函数,如图 5-20(a)所示。图 5-20(b)所示为强度为 K 的冲激函数。这种函数可以描述为在实际电路切换过程中,可能出现的一种特殊形式的脉冲——在极短的时间内表示为非常大的电流或电压。它可以看作是单位脉冲函数的极限情况。

值得注意的是,冲激函数具有两个非常重要的性质。

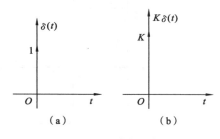

图 5-20 冲激函数

① 单位冲激函数 $\delta(t)$ 对时间 t 的积分等于单位阶跃函数 $\varepsilon(t)$,即

$$\int_{-\infty}^{t} \delta(\xi)\mathrm{d}\xi = \varepsilon(t) \tag{5-20}$$

反之,阶跃函数 $\varepsilon(t)$ 对时间 t 的一阶导数等于冲激函数 $\delta(t)$,即

$$\frac{\mathrm{d}\varepsilon(t)}{\mathrm{d}t} = \delta(t) \tag{5-21}$$

由于阶跃函数与冲激函数之间具有上述关系。因此,线性电路中的阶跃响应与冲激响应之间也具有重要关系。如果以 $s(t)$ 来表示某一电路的阶跃响应,而以 $h(t)$ 表示同一电路的冲激响应,则二者之间存在下列数学关系:

$$\int_{-\infty}^{t} h(t)\mathrm{d}t = s(t)$$

$$\frac{\mathrm{d}s(t)}{\mathrm{d}t} = h(t)$$

② 单位冲激函数具有"筛分"性质。

设 $f(t)$ 是一个定义域为 $t \in (-\infty, +\infty)$,且在 $t = t_0$ 时连续的函数,有

$$\int_{-\infty}^{+\infty} f(t)\delta(t-t_0)\mathrm{d}t = f(t_0) \tag{5-22}$$

由此可见,冲激函数能够将一个函数在某一个时刻的值 $f(t_0)$ 筛选出来,称为"筛分"性质,又称采样性质。

5.6.2　单位冲激响应

电路在单位冲激函数的激励下引起的零状态响应称为电路的冲激响应。

1. RC 电路的冲激响应

如图 5-21(a)所示的 RC 电路中,激励源由单位冲激函数 $\delta_i(t)$ 来描述。

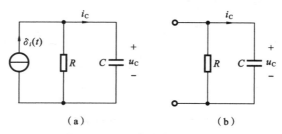

图 5-21　RC 电路的冲激响应

设电容无初始储能,根据 KCL,有

$$C\frac{\mathrm{d}u_C}{\mathrm{d}t}+\frac{u_C}{R}=\delta_i(t)$$

式中:
$$u_C(0_-)=0$$

将上式在 0_- 到 0_+ 的时间间隔内积分,有

$$\int_{0_-}^{0_+}C\frac{\mathrm{d}u_C}{\mathrm{d}t}\mathrm{d}t+\int_{0_-}^{0_+}\frac{u_C}{R}\mathrm{d}t=\int_{0_-}^{0_+}\delta_i(t)\mathrm{d}t$$

如果 u_C 也为冲激函数,则 $i_R\left(i_R=\dfrac{u_C}{R}\right)$ 也为冲激函数,而 $i_C=\dfrac{\mathrm{d}u_C}{\mathrm{d}t}$ 为冲激函数的一阶导数,那么上式就不能成立,故 u_C 不可能为冲激函数,且上式第二项积分应为零。所以有

$$C[u_C(0_+)-u_C(0_-)]=1$$

即
$$u_C(0_+)=\frac{1}{C}$$

而当 $t\geqslant0_+$ 时,冲激电流源相当于开路,如图 5-19(b)所示。则电容电压可表示为

$$u_C=u_C(0_+)\mathrm{e}^{-\frac{t}{\tau}}=\frac{1}{C}\mathrm{e}^{-\frac{t}{\tau}}\varepsilon(t) \qquad (5\text{-}23)$$

式中:$\tau=RC$ 为时间常数;

$$\varepsilon(t)=\int_{-\infty}^{t}\delta(\xi)\mathrm{d}\xi$$

2. RL 电路的冲激响应

如图 5-22(a)所示的 RL 电路中,激励源用单位冲激函数 $\delta_u(t)$ 来描述。

则 RL 电路的零状态响应为

$$i_L=\frac{1}{L}\mathrm{e}^{-\frac{t}{\tau}}\varepsilon(t) \qquad (5\text{-}24)$$

式中:
$$\tau=\frac{L}{R}$$

为时间常数。

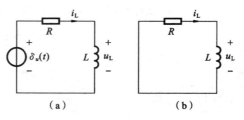

图 5-22　RL 电路的冲激响应

在此电路中,电感电流发生跃变,而电感电压 u_L 可表示为

$$u_L = \delta_u(t) - \frac{R}{L} e^{-\frac{t}{\tau}} \varepsilon(t) \qquad (5\text{-}25)$$

而 i_L 和 u_L 的波形如图 5-23 所示。

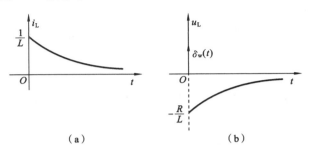

图 5-23　i_L 和 u_L 的波形图

例 5-8　求图 5-24(a)所示电路的冲激响应 i_L。已知图中 $R_1 = R_2 = 20\ \Omega$,$R_3 = 30\ \Omega$,$L = 1\ H$。

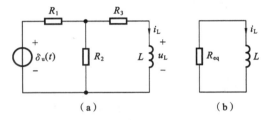

图 5-24　例 5-8 图

解　采用将其转化为零输入响应的方法进行求解。

(1)确定 $\delta(t)$ 在 $t = 0$ 时为电感提供的初始状态 $u_L(0)$。

当 $t = 0$ 时,

$$i_L(0_-) = 0$$

电感相当于开路,则

$$u_L(0) = \frac{R_2}{R_1 + R_2} \delta(t) = \frac{1}{2} \delta(t)$$

(2)求初始值 $i_L(0_+)$。

由于 $u_L(0)$ 中含有 $\delta(t)$,故电感电流在 $t = 0$ 时将发生跳变,即

$$i_L(0_+) = \frac{1}{L} \int_{0_-}^{0_+} u_L(0) \mathrm{d}t = \frac{1}{L} \int_{0_-}^{0_+} \frac{1}{2} \delta(t) \mathrm{d}t = \frac{1}{2}\ A$$

(3)求时间常数。

$t > 0$ 时,电路为零输入,其等效电路图如图 5-24(b)所示。有

$$R_{eq} = R_3 + \frac{R_1 R_2}{R_1 + R_2} = 40\ \Omega$$

故

$$\tau = \frac{L}{R_{eq}} = \frac{1}{40}\ s, \quad L = 1\ H$$

(4)求冲激响应。

$$i_L = i_L(0_+) e^{-\frac{t}{\tau}} 1(t) = \frac{1}{2} e^{-40t}$$

习　　题

1. 图题 1 所示电路中,开关 S 在 $t=0$ 时动作,试求电路在 $t=0_+$ 时刻的电压和电流。

2. 图题 2 所示电路到达稳态后,在 $t=0$ 时打开开关 S,已知 $R_1=10\ \text{k}\Omega$,$R_2=40\ \text{k}\Omega$,求 $i_C(0_+)$。

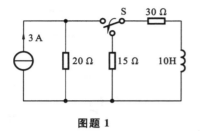 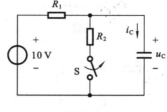

　　图题 1　　　　　　　　　　　　　　　图题 2

3. 图题 3 所示电路中 $t=0$ 时,闭合开关 S,已知 $I_s=0.5$ A,$R=10\ \Omega$,求 $i_C(0_+)$、$u_L(0_+)$。

4. 已知图题 4 所示电路中的电容原本就充有电,其电压为 24 V,求开关 S 闭合后,电容电压和各支路电流随时间变化的规律。

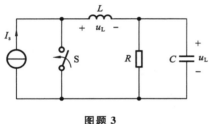 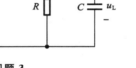

　　图题 3　　　　　　　　　　　　　　　图题 4

5. 图题 5 所示电路中开关 S 在位置 1 已久,$t=0$ 时开关 S 由 1→2,求换路后的电感电压和电流。

6. 图题 6 中 $t=0$ 时,开关 S 闭合,已知 $u_C(0_-)=0$,求电容电压和电流。

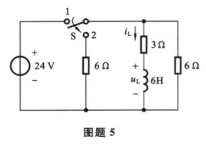 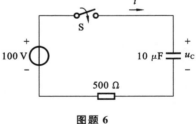

　　图题 5　　　　　　　　　　　　　　　图题 6

7. 图题 7 所示电路在开关 S 打开前已处于稳定状态。$t=0$ 时,开关 S 打开;求 $t \geqslant 0$ 时,$u_L(t)$ 和电压源发出的功率。

8. 图题 8 所示电路中,已知 $R_1=R_2=R_3=3\ \text{k}\Omega$,$U_s=12$ V,$C=10^3$ pF。开关 S 未打开时,$u_C(0_-)=0$,$t=0$ 时将开关 S 打开,试求电容电压 $u_C(t)$ 的变化规律。

9. 图题 9(a)所示电路中,电压 $u(t)$ 的波形如图题 9(b)所示,试求电流 $i(t)$。

10. 求图题 10 所示电路中电容添加冲击激励后的电压。

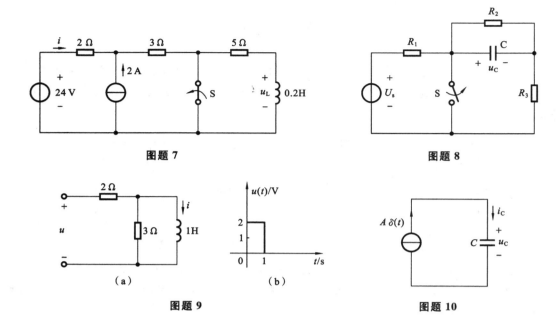

图题 7   图题 8

图题 9   图题 10

实验五　一阶动态电路的时域仿真分析

实验目的:

(1) 研究一阶 RC 电路在脉冲电压 U_s 激励下的响应 $U_C(t)$ 的变化规律及其特点,并且了解时间常数对 $U_C(t)$ 的影响。

(2) 学习使用示波器观察和研究电路的响应。观测 RC 电路在脉冲信号激励下的响应波形,掌握有关微分电路和积分电路的概念。

1. RC 电路充放电模拟仿真实验

电路换路后若无外加独立电源,仅由电路中动态元件初始储能而产生的响应称为零输入响应。若电路的初始储能为零,仅由外加独立电源作用所产生的响应称为零状态响应。

电路由一种稳定状态变化到另一种稳定状态需要一定的时间,即有一个随时间变化而变化的过程,称为电路的暂态过程。动态电路的过渡过程是十分短暂的单次变化过程,用一般的双踪示波器来观察电路的过渡过程和测量有关的参数,必须使这种单次变化的过程重复出现。为此,我们利用信号源输出的方波来模拟阶跃激励信号,即将方波的上升沿作为零状态响应的正阶跃激励信号,方波的下降沿作为零输入响应的负阶跃激励信号。只要选择方波的半个周期大于被测电路时间常数的 3 至 5 倍,电路在这样的方波序列信号作用下,它的影响和直流电源接通与断开的过渡过程就是相同的。

一阶电路的时间常数 τ 是一个非常重要的物理量,它决定着零输入响应和零状态响应按指数规律变化的快慢。时间常数 τ 的测定方法:分析可知,当 $t=\tau$ 时,零输入响应有 $U_C(t)=0.368U_s$,零状态响应有 $U_C(t)=0.632U_s$。RC 电路的时间常数可从示波器观察的响应曲线中测量出来,如实验图 5-1 和实验图 5-2 所示。

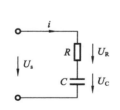

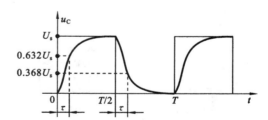

实验图 5-1　一阶 RC 电路　　　　　　**实验图 5-2　时间常数的测量**

方波激励波形及其 RC 电路参数 U_C 和 U_R 的响应波形如实验图 5-3 所示。

(1) 当 $\tau=RC\ll\dfrac{T}{2}$ 时,各电压变化波形关系如实验图 5-3(a) 所示,此时从电阻 R 上得到微分输出响应。

(2) 当 $\tau=RC\gg\dfrac{T}{2}$ 时,各电压变化波形关系如实验图 5-3(b) 所示,此时从电容 C 上得到积分输出响应。

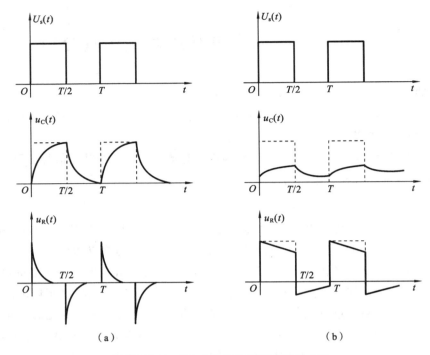

实验图 5-3 RC 电路的矩形脉冲响应曲线

(a) $\tau \ll T/2$; (b) $\tau \gg T/2$

在 Multisim 10 中,RC 电路充放电电路如实验图 5-4 所示。通过"空格"键控制开关 J1,选择 RC 电路分别工作在充电(零状态响应)、放电(零输入响应)状态。当控制 RC 电路工作在充电状态时,单击"仿真/分析/瞬时工作点分析"按钮,结果如实验图 5-5 所示。当控制 J1 开关向下时,RC 电路工作在放电状态。充放电波形图如实验图 5-6 所示。

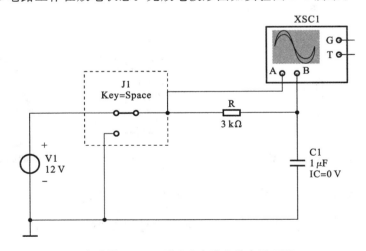

实验图 5-4 一阶 RC 电路充放电原理图

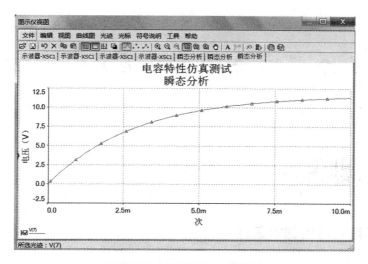

实验图 5-5 零状态响应曲线

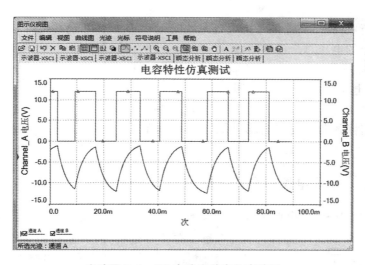

实验图 5-6 RC 电路充放电仿真波形

第6章 二阶动态电路的时域分析

6.1 二阶电路的零输入响应

6.1.1 二阶电路的初始条件

二阶电路的初始条件在电路的分析进程中起着决定性作用,确定初始条件时,必须注意以下几个方面。

第一,在分析电路时,要仔细考虑电容两端电压 u_C 的极性和电感电流 i_L 的方向。

第二,电容上的电压总是连续的,即

$$u_C(0_+)=u_C(0_-) \tag{6-1}$$

流过电感的电流也总是连续的,即

$$i_L(0_+)=i_L(0_-) \tag{6-2}$$

确定初始条件时,首先要用式(6-1)和式(6-2)确定电路电流、电容电压和电感电流的初始值是否突变。

6.1.2 RLC 串联电路的零输入响应

图 6-1 所示的为 RLC 串联电路。开关 S 闭合前,电容已经充好电,且电容的电压 $u_C = U_0$,电感中存储有电场能,且初始电流为 I_0。当 $t=0$ 时,开关 S 闭合,电容通过电阻 R 和电感 L 放电,其中一部分被电阻消耗,另一部分被电感以磁场能的形式储存起来,之后磁场能又通过电阻 R 转换成电场能,如此反复;同样,也有可能先是由电感存储的磁场能转换成电场能,并如此反复,当然也可能不存在能量的反复转换。

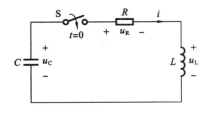

图 6-1 RLC 串联电路的零输入响应

由图 6-1 所示参考方向,据 KVL,可得

$$-u_C+u_R+u_L=0$$

且有

$$i_C=-C\frac{\mathrm{d}u_C}{\mathrm{d}t},\quad u_R=Ri=-RC\frac{\mathrm{d}u_C}{\mathrm{d}t},\quad u_L=L\frac{\mathrm{d}i}{\mathrm{d}t}=-LC\frac{\mathrm{d}^2u_C}{\mathrm{d}t}$$

将其代入上式得

$$LC\frac{\mathrm{d}^2u_C}{\mathrm{d}t^2}+RC\frac{\mathrm{d}u_C}{\mathrm{d}t}+u_C=0 \tag{6-3}$$

式(6-3)是 RLC 串联电路放电过程以 u_C 为变量的微分方程,该方程是一个线性常系数二阶微分方程。

如果以电流 i 作为变量,则 RLC 串联电路的微分方程为

$$LC\frac{\mathrm{d}^2 i}{\mathrm{d}t^2} + RC\frac{\mathrm{d}i}{\mathrm{d}t} + i = 0 \tag{6-4}$$

在此,仅以 u_C 为变量进行分析,令 $u_C = A\mathrm{e}^{pt}$,并代入式(6-3),得到其对应的特征方程为

$$LCp^2 + RCp + 1 = 0$$

求解特征方程,得到特征根为

$$p_1 = -\frac{R}{2L} + \sqrt{\left(\frac{R}{2L}\right)^2 - \frac{1}{LC}}$$

$$p_2 = -\frac{R}{2L} - \sqrt{\left(\frac{R}{2L}\right)^2 - \frac{1}{LC}} \tag{6-5}$$

因此,电容电压 u_C 用两特征根表示为

$$u_C = A_1\mathrm{e}^{p_1 t} + A_2\mathrm{e}^{p_2 t} \tag{6-6}$$

从式(6-5)可以看出,特征根 p_1、p_2 仅与电路的参数和结构有关,而与激励和初始储能无关。p_1、p_2 又称固有频率,单位为奈培①每秒($\mathrm{N_p/s}$),与电路的自然响应函数有关。

根据换路定则,可以确定式(6-3)的初始条件为 $u_C(0_+) = u_C(0_-) = U_0$,$i(0_+) = i(0_-) = I_0$,又因为 $i_C = -C\dfrac{\mathrm{d}u_C}{\mathrm{d}t}$,所以有 $C\dfrac{\mathrm{d}u_C}{\mathrm{d}t} = -\dfrac{I_0}{C}$。将初始条件和式(6-6)联立可得

$$\left.\begin{array}{l} A_1 + A_2 = U_0 \\ A_1 p_1 + A_2 p_2 = -\dfrac{I_0}{C} \end{array}\right\} \tag{6-7}$$

首先讨论有已经充电的电容向电阻、电感放电的性质,即 $U_0 \neq 0$ 且 $I_0 = 0$。有

$$\left\{\begin{array}{l} A_1 = \dfrac{p_2 U_0}{p_2 - p_1} \\ A_2 = -\dfrac{p_1 U_0}{p_2 - p_1} \end{array}\right. \tag{6-8}$$

将 A_1、A_2 代入式(6-6)即可得到 RLC 串联电路的零输入响应,但特征根 p_1、p_2 与电路的参数 R、L、C 有关。根据二次方程根的判别式可知,p_1、p_2 只有三种可能情况,下面对这三种情况分别进行讨论。

(1) $R > 2\sqrt{\dfrac{L}{C}}$,过阻尼情况。

在此情况下,p_1、p_2 为两个不相等的实数,电容电压可表示为

$$u_C = \frac{U_0}{p_2 - p_1}(p_2 \mathrm{e}^{p_1 t} - p_1 \mathrm{e}^{p_2 t}) \tag{6-9}$$

根据电压电流的关系,可以求出电路的其他响应为

$$i = -C\frac{\mathrm{d}u_C}{\mathrm{d}t} = -\frac{CU_0 p_1 p_2}{p_2 - p_1}(\mathrm{e}^{p_1 t} - \mathrm{e}^{p_2 t}) = -\frac{U_0}{L(p_2 - p_1)}(\mathrm{e}^{p_1 t} - \mathrm{e}^{p_2 t}) \tag{6-10}$$

$$u_L = L\frac{\mathrm{d}i}{\mathrm{d}t} = -\frac{U_0}{p_2 - p_1}(p_1 \mathrm{e}^{p_1 t} - p_2 \mathrm{e}^{p_2 t}) \tag{6-11}$$

---

①奈培是单位,以奈培(John Napier,英格兰数学家)的名字命名。

式中利用了 $p_1 p_2 = \dfrac{1}{LC}$ 的关系。

由于 $p_1 > p_2$，因此当 $t > 0$ 时，$e^{p_1 t} > e^{p_2 t}$，且 $\dfrac{p_2}{p_2 - p_1} > \dfrac{p_1}{p_2 - p_1} > 0$。所以 $t > 0$ 时 u_C 一直为正。从式(6-10)可以看出，当 $t > 0$ 时，i 也一直为正，但是进一步分析可知，当 $t = 0$ 时，$i(0_+)$ $= 0$，当 $t \to +\infty$ 时，$i(+\infty) = 0$，这表明 $i(t)$ 将出现极值，可以通过求一阶导数得到，即

$$p_1 e^{p_1 t} - p_2 e^{p_2 t} = 0$$

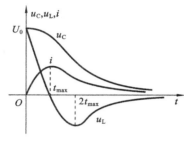

图 6-2 过阻尼放电过程中 u_C、i、u_L 的波形

故

$$t_{max} = \frac{1}{p_2 - p_1} \ln \frac{p_2}{p_1}$$

式中：t_{max} 为电流达到最大值的时刻。u_C、i、u_L 的波形如图 6-2 所示。

从图 6-2 中可以看出，电容在整个过程中一直在释放存储的电能，称为非振荡放电，又称过阻尼放电。当 $t < t_m$ 时，电感吸收能量，建立磁场；当 $t > t_m$ 时，电感释放能量，磁场衰减，趋向消失。当 $t = t_m$ 时，电感电压过零点。

(2) $R < 2\sqrt{\dfrac{L}{C}}$，欠阻尼情况。

当 $R < 2\sqrt{\dfrac{L}{C}}$ 时，特征根 p_1、p_2 是一对共轭复数，即

$$\left.\begin{array}{l} p_1 = -\dfrac{R}{2L} + j\sqrt{\left(\dfrac{R}{2L}\right)^2 - \dfrac{1}{LC}} = -\alpha + j\omega \\[3mm] p_2 = -\dfrac{R}{2L} - j\sqrt{\left(\dfrac{R}{2L}\right)^2 - \dfrac{1}{LC}} = -\alpha - j\omega \end{array}\right\} \tag{6-12}$$

式中：$\alpha = \dfrac{R}{2L}$ 为振荡电路的衰减系数；$\omega = \sqrt{\left(\dfrac{R}{2L}\right)^2 - \dfrac{1}{LC}}$ 为振荡电路的衰减角频率；$\omega_0 = \dfrac{1}{\sqrt{LC}}$ 为无阻尼自由振荡角频率，或浮振角频率。

显然有 $\omega_0^2 = \alpha^2 + \omega^2$，令 $\theta = \arctan\left(\dfrac{\omega}{\alpha}\right)$，则有 $\alpha = \omega_0 \cos\theta$，$\omega = \omega_0 \sin\theta$，如图 6-3 所示。

根据欧拉公式，有

$$\left.\begin{array}{l} e^{j\theta} = \cos\theta + j\sin\theta \\ e^{-j\theta} = \cos\theta - j\sin\theta \end{array}\right\} \tag{6-13}$$

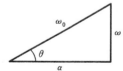

图 6-3 α、θ、ω、ω_0 之间的关系

可得

$$p_1 = -\omega_0 e^{-j\theta}, \qquad p_2 = -\omega_0 e^{j\theta}$$

所以有

$$u_C = \frac{U_0}{p_2 - p_1}(p_2 e^{p_1 t} - p_1 e^{p_2 t}) = \frac{U_0}{-j2\omega}\left[-\omega_0 e^{j\theta} e^{(-\alpha + j\omega)t} + \omega_0 e^{j\theta} e^{(-\alpha - j\omega)t}\right]$$

$$= \frac{U_0 \omega_0}{\omega} e^{-\alpha t}\left[\frac{e^{j(\omega t + \theta)} - e^{-j(\omega t + \theta)}}{j2}\right] = \frac{U_0 \omega_0}{\omega} e^{-\alpha t} \sin(\omega t + \theta) \tag{6-14}$$

根据式(6-10)和式(6-11)可知

$$i = \frac{U_0}{\omega L} e^{-at} \sin(\omega t) \qquad (6-15)$$

$$u_L = -\frac{U_0 \omega_0}{\omega} e^{-at} \sin(\omega t - \theta) \qquad (6-16)$$

从上述分析可以看出，u_C、i、u_L 的波形呈振荡衰减状态。在衰减过程中，两种储能元件相互交换能量，如表 6-1 所示。u_C、i、u_L 的波形如图 6-4 所示。

表 6-1

	$0 < \omega t < \theta$	$0 < \omega t < \pi - \theta$	$\pi - \theta < \omega t < \pi$
电容	释放	释放	吸收
电感	吸收	释放	释放
电阻	消耗	消耗	消耗

从欠阻尼情况下 u_C、i、u_L 的表达式还能得到以下结论：

① $\omega t = k\pi, k = 0, 1, 2, 3, \cdots$ 为电流 i 的过零点，即 u_C 的极值点；

② $\omega t = k\pi + \theta, k = 0, 1, 2, 3, \cdots$ 为电感电压 u_L 的过零点，即电流 i 的极值点；

③ $\omega t = k\pi - \theta, k = 0, 1, 2, 3, \cdots$ 为电容电压 u_C 的过零点。

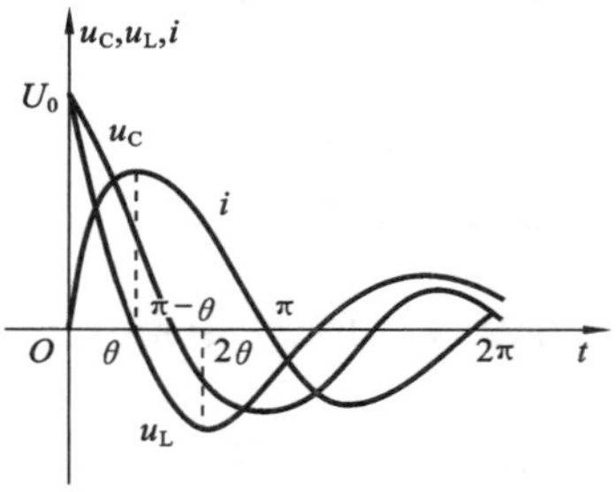

在上述阻尼的情况中，有一种特殊情况。当 $k = 0$ 时，p_1、p_2 为一对共轭虚数，即

$$p_1 = j\omega_0, \qquad p_2 = -j\omega_0$$

代入到式(6-44)、式(6-45)、式(6-46)，可得

图 6-4　欠阻尼情况下 u_C、i、u_L 的波形

$$u_C = U_0 \sin\left(\omega_0 t + \frac{\pi}{2}\right) \qquad (6-17)$$

$$i = U_0 \sqrt{\frac{C}{L}} \sin(\omega_0 t) \qquad (6-18)$$

$$u_L = U_0 \sin\left(\omega_0 t + \frac{\pi}{2}\right) \qquad (6-19)$$

由此可见，u_C、i、u_L 各变量都是正弦函数，随着时间的推移其振幅并不衰减。其波形如图 6-5 所示。

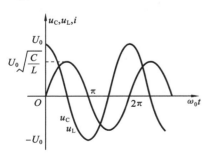

图 6-5　LC 零输入电路无阻尼时 u_C、i、u_L 的波形

（3）$R = 2\sqrt{\dfrac{L}{C}}$，临界阻尼情况。

在此条件下，特征方程具有重根，即

$$p_1 = p_2 = -\frac{R}{2L} = -2$$

全微分式(6-3)的通解为

$$u_C = (A_1 + A_2 t) e^{-2t}$$

根据初始条件，可得

$$A_1 = U_0$$

$$A_2 = 2U_0$$

所以，很容易得到

$$u_C = U_0(1 + \alpha t)e^{-\alpha t} \tag{6-20}$$

$$i = -C\frac{\mathrm{d}u_C}{\mathrm{d}t} = \frac{U_0}{L}te^{-\alpha t} \tag{6-21}$$

$$u_L = L\frac{\mathrm{d}i}{\mathrm{d}t} = U_0 e^{-\alpha t}(1 - \alpha t) \tag{6-22}$$

显然，u_C、i、u_L 不做振荡变化，并且随着时间的推移逐渐衰减，其衰减过程的波形与图 6-2 所示的类似。此种状态是振荡过程与非振荡过程的临界状态，$R = 2\sqrt{\dfrac{L}{C}}$ 的过程称为临界非振荡过程，其电阻也称为临界电阻。

6.2 二阶电路的零状态响应

如果二阶电路中动态元件的储能（电容存储的电场能与电感存储的磁场能）均为零，仅有外施激励，则电路的响应称为二阶电路的零输入响应。

6.2.1 RLC 串联电路的零状态响应

电路如图 6-6 所示，开关 S 闭合前，电容和电感电流均为零。$t = 0$ 时，开关 S 闭合。

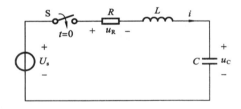

图 6-6 RLC 串联电路的零状态响应

以 u_C 为电路的变量，根据 VCR 和 KVL，有

$$LC\frac{\mathrm{d}^2 u_C}{\mathrm{d}t^2} + RC\frac{\mathrm{d}u_C}{\mathrm{d}t} + u_C = U_s \tag{6-23}$$

式（6-23）为二阶常系数非齐次微分方程，其解由两部分组成，一部分为非齐次方程的特解 $u'_C = U_s$，另一部分为对应齐次方程的通解 $u''_C = Ae^{pt}$，即 $u_C = u'_C + u''_C$。

式（6-23）对应的齐次微分方程为

$$LC\frac{\mathrm{d}^2 u_C}{\mathrm{d}t^2} + RC\frac{\mathrm{d}u_C}{\mathrm{d}t} + u_C = 0 \tag{6-24}$$

式（6-24）与式（6-23）完全相同，其对应的特征方程的根也有三种情况，分别表示如下。

（1）$R > 2\sqrt{\dfrac{L}{C}}$，非振荡充电过程。

电路响应表示为

$$u_C = \frac{U_s}{p_1 - p_2}(p_2 e^{p_1 t} - p_1 e^{p_2 t}) + U_s$$

$$i = \frac{U_s}{L(p_1 - p_2)}(e^{p_1 t} - e^{p_2 t})$$

$$u_L = \frac{U_s}{p_1 - p_2}(p_1 e^{p_1 t} - p_2 e^{p_2 t})$$

式中：p_1、p_2 为特征根，其表达式与式（6-5）相同；u_L、i 和 u_C 的波形如图 6-7 所示；$t_{\max} = $

$\dfrac{\ln p_2 - \ln p_1}{p_2 - p_1}$ 是电感电压过零点,也是电流 i 达到最大值的时刻。

(2) $R < 2\sqrt{\dfrac{L}{C}}$,振荡充电过程。

电路响应为

$$u_C = u_C(1 + 2t)e^{-2t} + U_s$$

$$i = \frac{U_s}{L}te^{-2t}$$

$$u_L = u_s e^{-\alpha t}(1 - \alpha t)$$

式中:$\alpha = \dfrac{R}{2L}$。

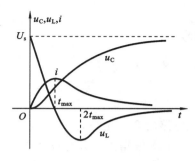

图 6-7 u_L、i 和 u_C 的波形图

6.2.2 RLC 并联电路的零状态响应

二阶 RLC 并联电路如图 6-8 所示,$u_C(0_-) = 0$,$i_L(0_-) = 0$。当 $t > 0$ 时,开关 S 断开。根据 KCL,有

$$i_C + i_R + i_L = i_s$$

如果 i_L 为待求变量,则有

$$LC\frac{d^2 i_L}{dt^2} + \frac{L}{R}\frac{di_L}{dt} + i_L = i_s \qquad (6\text{-}25)$$

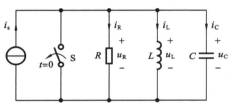

图 6-8 RLC 并联电路的零状态响应

式(6-25)为二阶线性非齐次常微分方程,与式(6-23)的求解过程相同,其通解由特解 i_L' 和对应齐次微分方程通解 i_L'' 两部分组成。如果 i_s 为直流激励或正弦激励,则取稳态解 i_L' 为特解,而通解 i_L'' 与零输入响应的相同,其积分常数由初始条件来确定。

6.3 二阶电路的全响应

在前两节所讨论的二阶电路中,要么只有初始储能,要么只有外施激励。如果二阶电路既有初始储能,又接入了外施激励,则电路的响应称为二阶电路的全响应。分析一阶电路全响应的方法在二阶电路中同样适用,一般用零输入响应与零状态响应叠加来计算全响应。

例 6-1 电路如图 6-9 所示,已知 $u_C(0_-) = 0$,$i_L(0_+) = 0.5$ A,$t = 0$ 时开关 S 闭合,求开关 S 闭合后的电感电流 $i_L(t)$。

解 开关 S 闭合前,$i_L(0_-) = 0.5$ A,电感具有初始储能;开关 S 闭合后,直流激励源作用于电路,故其响应为二阶电路的全响应。

(1) 列出开关 S 闭合后的电路微分方程。列节点①的 KVL 方程,有

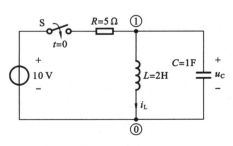

图 6-9 例 6-1 图

$$\frac{10-L\dfrac{\mathrm{d}i_\mathrm{L}}{\mathrm{d}t}}{R}=i_\mathrm{L}+LC\frac{\mathrm{d}^2 i_\mathrm{L}}{\mathrm{d}t^2}$$

即

$$RLC\frac{\mathrm{d}^2 i_\mathrm{L}}{\mathrm{d}t^2}+L\frac{\mathrm{d}i_\mathrm{L}}{\mathrm{d}t}+Ri_\mathrm{L}=10$$

将参数代入，得

$$\frac{\mathrm{d}^2 i_\mathrm{L}}{\mathrm{d}t^2}+\frac{1}{5}\frac{\mathrm{d}i_\mathrm{L}}{\mathrm{d}t}+\frac{1}{2}Ri_\mathrm{L}=1$$

设电路的全响应为 $i_\mathrm{L}(t)=i'_\mathrm{L}+i''_\mathrm{L}$。

（2）根据强制分量计算出特解为

$$i'_\mathrm{L}=\frac{10}{5}=2\ \mathrm{A}$$

（3）为确定通解，首先列出特征方程为

$$p^2+\frac{1}{5}p+\frac{1}{2}=0$$

特征根为

$$p_1=-0.1+\mathrm{j}0.7$$

$$p_2=-0.1-\mathrm{j}0.7$$

特征根 p_1、p_2 是一对共轭复根，所以换路后暂态过程的性质为欠阻尼性质，即

$$i''_\mathrm{L}=Ae^{-0.1t}\sin(0.7t+\theta)$$

（4）全响应为

$$i_\mathrm{L}(t)=i'_\mathrm{L}+i''_\mathrm{L}=2+Ae^{-0.1t}\sin(0.7t+\theta)$$

又因为初始条件为

$$i_\mathrm{L}(0_+)=i_\mathrm{L}(0_-)=0.5\ \mathrm{A}$$

$$\left.\frac{\mathrm{d}i_\mathrm{L}}{\mathrm{d}t}\right|_{t=0_+}=\frac{u_\mathrm{C}(0_-)}{L}=0$$

所以

$$\begin{cases}2+A\sin\theta=0.5\\0.7A\cos\theta-0.1A\sin\theta=0\end{cases}$$

求解得

$$A=1.52$$

$$\theta=261.9°$$

所以电流 i_L 的全响应为

$$i_\mathrm{L}(t)=[2+1.52e^{-0.1t}\sin(0.7t+261.9°)]\ \mathrm{A}$$

习　　题

1. 什么是串联谐振？串联谐振时电路有哪些重要特征？

2. 发生并联谐振时，电路具有哪些特征？

3. 为什么把串联谐振称为电路的电压谐振而把并联谐振称为电路的电流谐振？

4. 什么是串联谐振电路的谐振曲线？说明品质因数 Q 值的大小对谐振曲线的影响。

5. 串联谐振电路的品质因数与并联谐振电路的品质因数相同吗？

6. 谐振电路的通频带是如何定义的？它与哪些量有关？

7. 图题 7 所示电路中电流 $i_L(t) = \sqrt{2}\cos(2t)$ A，求稳态电流 $i(t)$。

8. 图题 8 所示正弦电流电路中，已知 $u_s(t) = 16\sqrt{2}\cos(10t)$ V，求电流 $i_1(t)$ 和 $i_2(t)$。

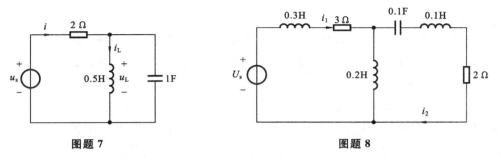

图题 7　　　　　　　　　　　　　　　　　　图题 8

9. 在图题 9 所示电路中，已知 $u = 141.4\cos314t$ V，电流有效值 $I = I_C = I_L$，电路消耗的有功功率为 866 W，求 i、i_L、i_C。

10. 图题 10 所示电路中，已知 $I_2 = 2$ A，$U_s = 7.07$ V，求电路中的总电流 I、电感元件电压两端电压 U_L 以及电压源 U_s 与总电流之间的相位差角。

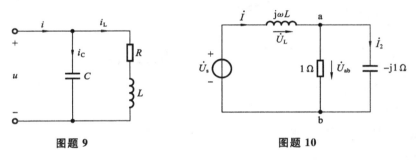

图题 9　　　　　　　　　　　　　　　　　　图题 10

11. 电路图题 11 所示。已知 $C = 100$ pF，$L = 100$ μH，$i_C = \sqrt{2}10\cos(10^7 t + 60°)$ mA，电路消耗的功率 $P = 100$ mW，试求电阻 R 和电压 $u(t)$。

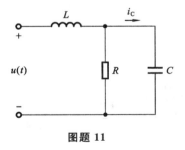

图题 11

实验六　二阶动态电路暂态过程的研究

实验目的：

（1）学习使用示波器观察和分析 RLC 串联电路与矩形脉冲接通的暂态过程。

（2）观察二阶电路的三种过渡状态，即非振荡状态、振荡状态和临界状态。

1. RLC 二阶动态电路仿真实验

凡是可以用二阶微分方程来描述的电路均称为二阶电路，实验图 6-1 所示的线性 RLC 串联电路是一个典型的二阶电路，实验图 6-2 所示的是去掉电压源后的放电电路，当 $R > 2\sqrt{L/C}$ 时，电路处于非振荡状态，也称过阻尼状态；当 $R < 2\sqrt{L/C}$ 时，电路处于振荡状态，也称欠阻尼状态；当 $R = 2\sqrt{L/C}$ 时，电路处于临界状态。

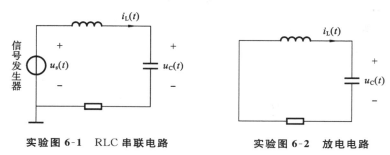

实验图 6-1　RLC 串联电路	实验图 6-2　放电电路

（1）欠阻尼状态。

在 Multisim 10 中，按照实验图 6-3(a) 所示的方式搭建 RLC 串联二阶实验电路，由理论分析可得

$$R_d = 2\sqrt{\frac{L}{C}} = 2\sqrt{\frac{1 \times 10^{-3}}{1 \times 10^{-9}}}\ \Omega = 2\ \text{k}\Omega$$

$$R = 100\ \Omega < R_d$$

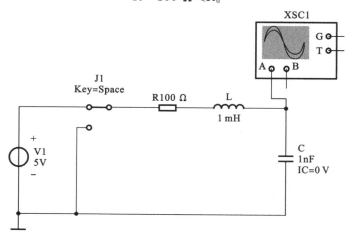

实验图 6-3(a)　RLC 二阶动态电路

电路工作于欠阻尼的衰减性振荡状态。

调整好示波器,打开仿真开关,用空格键 J1 控制,接通电路,并及时按下暂停按钮,即可在示波器上看到 RLC 串联二阶实验电路电容器电压的欠阻尼衰减性振荡响应波形,如实验图 6-3(b)所示。

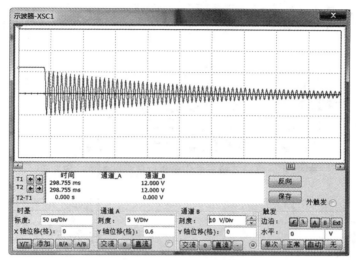

实验图 6-3(b)　输出电容电压欠阻尼衰减性响应波形

(2) 过阻尼状态。

改变实验图 6-3(a)所示电路中电阻器 R 的大小,令 $R=10\ \mathrm{k\Omega}, R>R_\mathrm{d}$,如实验图 6-4(a)所示。调整示波器的时基刻度,打开仿真开关,用空格键 J1 控制,接通电路,并及时按下暂停按钮,即可看到过阻尼非振荡性响应的波形,如实验图 6-4(b)所示。

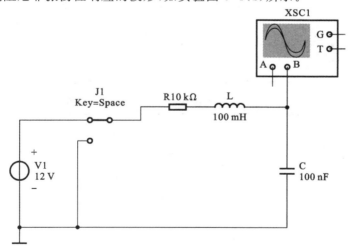

实验图 6-4(a)　过阻尼状态仿真电路

(3) 临界阻尼状态。

改变实验图 6-3(a)所示电路中电阻器 R 的大小,令 $R=2\ \mathrm{k\Omega}, R=R_\mathrm{d}$,如实验图 6-5(a)所示。调整示波器的时基刻度,打开仿真开关,用空格键 J1 控制,接通电路,并及时按下暂停按钮,即可看到过阻尼非振荡性响应波形,如实验图 6-5(b)所示。

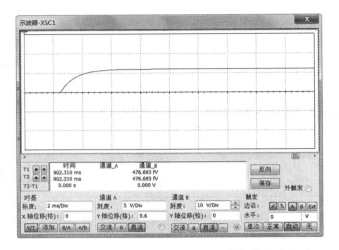

实验图 6-4(b)　输出电容电压过阻尼非振荡响应波形

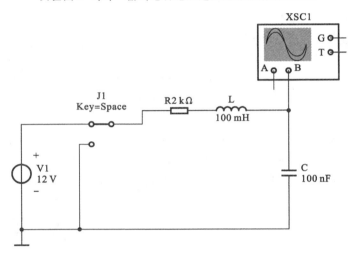

实验图 6-5(a)　临界阻尼状态仿真电路

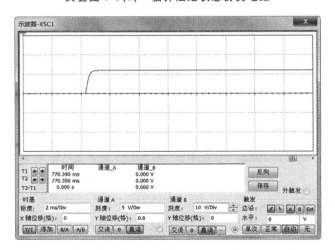

实验图 6-5(b)　输出电容电压临界阻尼非振荡响应波形

第7章 正弦稳态电路的分析

本章主要介绍正弦稳态分析的相量法,并利用相量法分析线性电路的正弦稳态响应。首先,介绍复数、正弦量的三要素及其相量表示、基尔霍夫定律和电路元件的电压电流关系的相量形式、阻抗和导纳的概念,以及电路的相量图。其次,将通过实例介绍电路方程的相量形式、线性电路定理的相量描述和应用,介绍正弦电流电路的瞬时功率、平均功率、无功功率、视在功率和复功率,以及最大功率的传输问题。最后介绍串、并联电路的谐振现象。

7.1 相量

7.1.1 复数

相量法是分析线性电路正弦稳态的一种简便有效的方法。相量法需要运用到复数,本节将对复数作一个简要的介绍。

复数有多种表示形式。其代数形式为

$$\dot{F} = a + \mathrm{j}b$$

式中:$\mathrm{j} = \sqrt{-1}$为虚数单位(在数学中常用 i 表示,在电路中已用 i 来表示电流,现改为用 j 表示)。系数 a、b 分别为复数的实部和虚部,用

$$\mathrm{Re}[\dot{F}] = a, \quad \mathrm{Im}[\dot{F}] = b$$

表示取复数 $\dot{F}$ 的实部和虚部。$\mathrm{Re}[\dot{F}]$表示取方括号内复数的实部,$\mathrm{Im}[\dot{F}]$表示取虚部。

一个复数 $\dot{F}$ 在复平面上可以用一条从原点 O 指向 $\dot{F}$ 对应坐标点的有向线段(向量)表示,如图 7-1 所示。

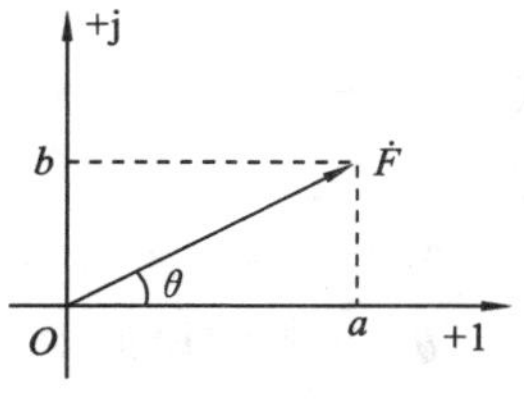

根据图 7-1,可得复数 $\dot{F}$ 的三角表达式为

$$\dot{F} = |\dot{F}|(\cos\theta + \mathrm{j}\sin\theta)$$

式中:$|\dot{F}|$为复数的模值;其辐角 $\theta = \arg\dot{F}$,θ 可以用弧度或度表示。它们之间的关系为

$$a = |\dot{F}|\cos\theta, \quad b = |\dot{F}|\sin\theta$$

或者

$$|\dot{F}| = \sqrt{a^2 + b^2}, \quad \theta = \arctan\left(\frac{b}{a}\right)$$

根据欧拉公式

$$e^{\mathrm{j}\theta} = \cos\theta + \mathrm{j}\sin\theta$$

复数的三角形式可以变为指数形式,即

$$\dot{F} = |\dot{F}|e^{\mathrm{j}\theta}$$

上述指数形式有时可改写为极坐标形式,即

$$\dot{F} = |\dot{F}| \angle \theta$$

图 7-1 复数的表示

复数的加减运算常用代数形式来表示，例如，
$$\dot{F}_1 = a_1 + \mathrm{j}b_1, \quad \dot{F}_2 = a_2 + \mathrm{j}b_2$$
则有
$$\dot{F}_1 \pm \dot{F}_2 = (a_1 + \mathrm{j}b_1) \pm (a_2 + \mathrm{j}b_2) = (a_1 \pm a_2) + \mathrm{j}(b_1 \pm b_2)$$
复数的相加和相减也可以按平行四边形法在复平面上用向量加减求得，如图 7-2 所示。

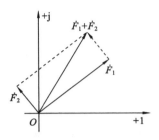 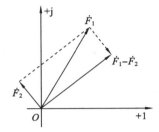

图 7-2　复数代数和图解法

两个复数的相乘，用代数形式表示为
$$\dot{F}_1 \dot{F}_2 = (a_1 + \mathrm{j}b_1)(a_2 + \mathrm{j}b_2) = (a_1 a_2 - b_1 b_2) + \mathrm{j}(a_1 b_2 + a_2 b_1) \tag{7-1}$$
复数相乘用指数形式表示更为简便，如
$$\dot{F}_1 \dot{F}_2 = |\dot{F}_1| \mathrm{e}^{\mathrm{j}\theta_1} |\dot{F}_2| \mathrm{e}^{\mathrm{j}\theta_2} = |\dot{F}_1||\dot{F}_2| \mathrm{e}^{\mathrm{j}(\theta_1 + \theta_2)} \tag{7-2}$$
一般有
$$|\dot{F}_1 \dot{F}_2| = |\dot{F}_1||\dot{F}_2|, \quad \arg(\dot{F}_1 \dot{F}_2) = \arg(\dot{F}_1) + \arg(\dot{F}_2)$$
即复数乘积的模等于各复数模的乘积，其辐角等于各复数辐角的和。

复数相除的运算为
$$\frac{\dot{F}_1}{\dot{F}_2} = \frac{|\dot{F}_1| \angle \theta_1}{|\dot{F}_2| \angle \theta_2} = \frac{|\dot{F}_1|}{|\dot{F}_2|} \angle (\theta_1 - \theta_2) \tag{7-3}$$
所以
$$\left|\frac{\dot{F}_1}{\dot{F}_2}\right| = \frac{|\dot{F}_1|}{|\dot{F}_2|}, \quad \arg\left(\frac{\dot{F}_1}{\dot{F}_2}\right) = \arg(\dot{F}_1) - \arg(\dot{F}_2)$$
如果用代数形式表示，则为
$$\frac{\dot{F}_1}{\dot{F}_2} = \frac{a_1 + \mathrm{j}b_1}{a_2 + \mathrm{j}b_2} = \frac{(a_1 + \mathrm{j}b_1)(a_2 - \mathrm{j}b_2)}{(a_2 + \mathrm{j}b_2)(a_2 - \mathrm{j}b_2)} = \frac{a_1 a_2 + b_1 b_2}{(a_2)^2 + (b_2)^2} + \mathrm{j}\frac{a_2 b_1 - a_1 b_2}{(a_2)^2 + (b_2)^2}$$
式中：$a_2 - \mathrm{j}b_2$ 为 $\dot{F}_2$ 的共轭复数；$\dot{F}$ 的共轭复数表示为 $\dot{F}^*$。$\dot{F}_2 \dot{F}_2^*$ 的结果为实数，称为有理化运算。

复数 $\mathrm{e}^{\mathrm{j}\theta} = 1 \angle \theta$ 的模为 1，辐角为 θ。任意复数 $\dot{A} = |\dot{A}| \mathrm{e}^{\mathrm{j}\alpha}$ 乘以 $\mathrm{e}^{\mathrm{j}\theta}$ 相当于把复数 $\dot{A}$ 逆时针旋转 θ，而 $\dot{A}$ 的模值不变，所以将 $\mathrm{e}^{\mathrm{j}\theta}$ 称为旋转因子。

7.1.2　复数的直角坐标形式和极坐标形式

运用复数计算正弦交流电路时，常常需要进行直角坐标形式和极坐标形式之间的相互转换。

例 7-1　将下列复数转化为直角坐标形式。

(1) $\dot{A} = 9.5 \angle 73°$;　(2) $\dot{A} = 10 \angle 90°$。

解　(1) $\dot{A} = 9.5 \angle 73° = 9.5\cos 73° + \mathrm{j}9.5\sin 73° = 2.78 + \mathrm{j}9.08$

(2) $\dot{A} = 10 \angle 90° = 10\cos 90° + \mathrm{j}10\sin 90° = \mathrm{j}10$

例 7-2 已知 $\dot{A}=6+\mathrm{j}8=10\angle53.1°,\dot{B}=-4.33+\mathrm{j}2.5=5\angle150°;$ 试计算 $\dot{A}+\dot{B},\dot{A}-\dot{B},\dot{A}\cdot\dot{B}$。

解
$$\dot{A}+\dot{B}=6+\mathrm{j}8-4.33+\mathrm{j}2.5=1.67+\mathrm{j}10.5$$
$$\dot{A}-\dot{B}=6+\mathrm{j}8+4.33-\mathrm{j}2.5=10.33+\mathrm{j}5.5$$
$$\dot{A}\cdot\dot{B}=(10\angle53.1°)(5\angle150°)=50\angle203.1°=50\angle-156.9°$$

7.2 正弦量

7.2.1 正弦函数与正弦量

目前,世界上电力工程所用的电压、电流几乎全部都采用正弦函数的形式。其中大多数问题,都可以按正弦电流电路的问题来加以分析和处理。另一方面,正弦函数是周期函数的一个重要的特例。电子技术中的非正弦周期函数,也可以展开成具有直流成分、基波成分和高次谐波(频率为基波的整数倍)成分的正弦函数的无穷级数。

凡是按正弦或余弦规律随时间变化而作周期变化的电压、电流都称为正弦电压、电流,统称正弦量(或正弦交流电)。正弦量可以用正弦函数表示,也可以用余弦函数表示。本书中用余弦函数来表示正弦量。

下面仅以正弦电流为例说明。在图 7-3 所示的一段电路中的正弦电流 i,在图示参考方向下,其数学表达形式定义为

$$i(t)=I_\mathrm{m}\cos(\omega t+\varphi) \tag{7-4}$$

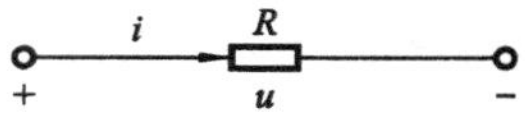

图 7-3 一段正弦电流

下面以电流 $i(t)$ 为例来说明正弦量的三个要素。式(7-4)中的三个常数 I_m、ω 和 φ 是正弦量的三个要素。

I_m 称为正弦量的振幅。正弦量是一个等幅振荡、正负交替变换的周期函数。振幅是正弦量在整个振荡过程中达到的最大值,即 $\cos(\omega t+\varphi)=1$ 时的电流值,$i_\mathrm{max}=I_\mathrm{m}$,它是正弦量的极大值。当 $\cos(\omega t+\varphi)=-1$ 时,电流为最小值(也是极小值),$i_\mathrm{min}=-I_\mathrm{m}$,$i_\mathrm{max}-i_\mathrm{min}=2I_\mathrm{m}$ 称为正弦量的峰峰值(I_PP)。

ω 称为正弦电流 i 的角频率,从式(7-4)可以看出,正弦量随时间变化而变化的核心部分是 $(\omega t+\varphi)$,它反映了正弦量的变化进程,称为正弦量的相角或相位。ω 是相角随时间变化而变化的速度,即

$$\frac{\mathrm{d}}{\mathrm{d}t}(\omega t+\varphi)=\omega$$

单位是 rad/s。它反映了正弦量变化速度的快慢,角频率与正弦量周期 T 和频率 f 有如下的关系:

$$\omega T=2\pi,\quad \omega=2\pi f,\quad f=\frac{1}{T}$$

频率 f 的单位为 $1/\mathrm{s}$,称为 Hz(赫兹,简称赫)。我国工业用电的频率为 50 Hz。工程中还常以频率区分电路,如音频电路、高频电路等。

φ 是正弦量在 $t=0$ 时刻的相位,即 $(\omega t+\varphi)|_{t=0}=\varphi$,称为正弦量的初相位,简称初相。初

相的单位用弧度或度表示，通常在主值范围内取值，即 $|\varphi| \leqslant 180°$。φ 的大小与计时起点的选择有关。

正弦量的三要素也是正弦量之间进行比较和区分的依据。

7.2.2 正弦量的有效值和相位差

正弦量随时间变化而变化的图形或波形称为正弦波。正弦量乘以常数，正弦量的微分、积分，同频正弦量的代数和等运算，其结果仍为同一个频率的正弦量。

工程中常将周期电流或电压在一个周期内产生的平均效应换算为在效应上与之相等的直流量，以衡量和比较周期电流和电压的效应，这一直流量就称为周期量的有效值，用相对应的大写字母表示。可通过比较电阻的热效应获得周期电流 i 和其有效值 I 之间的关系，有效值 I 的定义为

$$I = \sqrt{\frac{1}{T}\int_0^T i^2 \, \mathrm{d}t} \qquad (7\text{-}5)$$

式中：T 为周期。从式(7-5)可以看出，周期量的有效值等于它的瞬时值平方在一个周期内积分的平均值取平方根，因此有效值又称为均方根值。

当周期电流为正弦量时，将 $i = I_\mathrm{m}\cos(\omega t + \varphi)$ 代入式(7-5)，可得

$$I = \sqrt{\frac{1}{T}\int_0^T I_\mathrm{m}^2 \cos^2(\omega t + \varphi)\,\mathrm{d}t} = \sqrt{\frac{1}{T}I_\mathrm{m}^2 \int_0^T \cos^2(\omega t + \varphi)\,\mathrm{d}t}$$

因为

$$\int_0^T \cos^2(\omega t + \varphi)\,\mathrm{d}t = \int_0^T \frac{1 + \cos(\omega t + \varphi)}{2}\,\mathrm{d}t = \frac{T}{2}$$

所以

$$I = \sqrt{\frac{1}{T}I_\mathrm{m}^2 \frac{T}{2}} = \frac{I_\mathrm{m}}{\sqrt{2}} = 0.717 I_\mathrm{m} \qquad (7\text{-}6)$$

或

$$I_\mathrm{m} = \sqrt{2}I$$

所以正弦量的最大值和有效值之间有固定的 $\sqrt{2}$ 倍关系，因此有效值可以代替最大值作为正弦量的一个要素。正弦量的有效值与角频率和初相无关。引入有效值的概念以后，可以把正弦量（如电流）的数学表达式改写成

$$i = \sqrt{2}I\cos(\omega t + \varphi)$$

式中：I、ω 和 φ 也可以用来表示正弦量的三要素。交流电压表、电流表上标出的数字都是有效值。

在正弦电流电路的分析中，经常需要比较同频率正弦量的相位差。设具有任意两个同频率的正弦量，一个是正弦电压，另一个是正弦电流，即

$$u = U_\mathrm{m}\cos(\omega t + \varphi_1)$$
$$i = I_\mathrm{m}\cos(\omega t + \varphi_2)$$

它们之间的相角或相位之差称为相位差，用 φ 表示（见图 7-4），即

$$\varphi = (\omega t + \varphi_1) - (\omega t + \varphi_2) = \varphi_1 - \varphi_2$$

可见，对于两个同频率的正弦量来说，相位差在任何瞬时都是一个常数，即等于它们的初相之差，而与时间无关。相位差是区分两个同频率正弦量的重要标志之一。电路常用"超前"

和"滞后"二词来说明两个同频正弦量相位的不同。

如果 $\varphi=\varphi_1-\varphi_2>0$,我们就说电压 u 的相角超前于电流 i 的相角一个角度 φ,有时简称电压 u 的相角超前于电流 i,意思是电压 u 比电流 i 先达到正的最大值。反过来也可以说电流 i 滞后于电压 u 一个角度 φ,如图 7-4 所示。

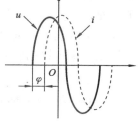

(1) 如果 $\varphi=\varphi_1-\varphi_2<0$,结论刚好与上述情况相反。

(2) 如果 $\varphi=\varphi_1-\varphi_2=0$,即相位差为零,即称为同相位(简称同向)。这时,两个正弦量同时达到正的最大值,或者同时通过零点。

图 7-4 u 超前 i 一个角度 φ

(3) 如果 $\varphi=\varphi_1-\varphi_2=\dfrac{\pi}{2}$(即 $90°$),则称为相位正交。

(4) 如果 $\varphi=\varphi_1-\varphi_2=\pi$(即 $180°$),则称为相位反相。

不同频率的两个正弦量之间的相位差不再是一个常数,而是会随着时间的变化而变化。今后谈到相位差都是指同频率正弦量之间的相位差。

应当注意,当两个同频率正弦量的计时起点改变时,它们的初相也跟着改变,但二者的相位差仍保持不变。即相位差与计时起点的选择无关。

由于正弦量和初相与设定的参考方向有关,当改变某一正弦量的参考方向时,该正弦量的初相将改变 π,则它与其他正弦量的相位差也将改变 π。

7.3 相量法基础

7.3.1 相量

相量法的理论基础是复数理论中的欧拉恒等式。基于此,可以用复数来表示正弦波。欧拉恒等式为

$$e^{j\theta}=\cos\theta+j\sin\theta \tag{7-7}$$

式中:θ 为一实数(单位为弧度)。可以将此公式推广到 θ 为 t 的实函数情况,如令

$$\theta=\omega t$$

式中:ω 为常量,单位为 $\mathrm{rad/s}$。由此可以得到

$$e^{j\omega t}=\cos(\omega t)+j\sin(\omega t)$$

该式建立了复指数函数和两个实正弦函数之间的联系,从而可以用复数来表示正弦时间函数。由上式可得

$$\cos(\omega t)=\mathrm{Re}[e^{j\omega t}],\quad \sin(\omega t)=\mathrm{Im}[e^{j\omega t}]$$

设正弦电压为 $\qquad u(t)=U_m\cos(\omega t+\theta)$

根据欧拉公式,上式可以写成

$$u(t)=\mathrm{Re}[U_m e^{j(\omega t+\theta)}]=\mathrm{Re}[U_m e^{j\theta}e^{j\omega t}]=\mathrm{Re}[\dot{U}_m e^{j\omega t}]=\mathrm{Re}[\dot{U}_m\angle\omega t] \tag{7-8}$$

式中:$\dot{U}_m=U_m e^{j\theta}=U_m\angle\theta$ 是一个与时间无关的复常数,辐角为该正弦电压的初相。复值 $\dot{U}_m$ 包含了该正弦电压的振幅和初相这两个要素。给定角频率 ω,就可以完全确定一个正弦电压。换言之,复常数 $\dot{U}_m$ 足以表征正弦电压。像这样能够表征正弦时间函数的复值函数,人们给他

起了一个特殊的名称——相量。$\dot{U}_\mathrm{m}$ 称为电压的振幅相量，同样，也有电流振幅相量，记为 $\dot{I}_\mathrm{m}$。为了方便，也将振幅相量称为相量。相量是一个复数，但它表示的是一个正弦波，在字母上方加一点以示区别于一般复数。

正弦量也可以用有效值来表示。以正弦电压为例，有

$$u(t)=\sqrt{2}U\cos(\omega t+\theta)=\mathrm{Re}[\sqrt{2}\dot{U}\mathrm{e}^{\mathrm{j}\omega t}] \tag{7-9}$$

式中：$\dot{U}=U\mathrm{e}^{\mathrm{j}\theta}=U\angle\theta$ 称为电压的有效值相量。它与振幅相量之间有着固定的关系：

$$\dot{U}=\frac{1}{\sqrt{2}}\dot{U}_\mathrm{m},\quad \dot{U}_\mathrm{m}=\sqrt{2}\dot{U}$$

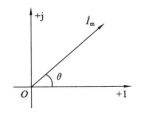

电流也可以用同样的方式来表示。在本章节中均使用有效值相量。

相量是一个复数，它在复平面的图形称为相量图，如图 7-5 所示。上述与相量相对应的复指数函数在复平面上可以用旋转相量来表示。

正弦量乘以常数，正弦量的微分、积分以及与同频正弦量的代数和，结果仍是一个同频正弦量。在相量法中，可以将这些运算转换为相对应的相量运算。

图 7-5　正弦量的相量图

7.3.2　同频正弦量的相量运算

1. 同频正弦量的加（减）法

设有两个正弦量　　　　　　　　$i_1=\sqrt{2}I_1\cos(\omega t+\theta_1)$

和　　　　　　　　　　　　　　$i_2=\sqrt{2}I_2\cos(\omega t+\theta_2)$

其和为

$$i=i_1+i_2=\mathrm{Re}[\sqrt{2}\dot{I}_1\mathrm{e}^{\mathrm{j}\omega t}]+\mathrm{Re}[\sqrt{2}\dot{I}_2\mathrm{e}^{\mathrm{j}\omega t}]=\mathrm{Re}[\sqrt{2}(\dot{I}_1+\dot{I}_2)\mathrm{e}^{\mathrm{j}\omega t}]$$

亦为正弦量。若上式对于任何时间 t 都成立，则有

$$\dot{I}=\dot{I}_1+\dot{I}_2$$

由此也可以推得

$$i_1+i_2+\cdots=\dot{I}_1+\dot{I}_2+\cdots \tag{7-10}$$

2. 正弦量的微分

设正弦电流　　　　　　　　　　$i=\sqrt{2}I\cos(\omega t+\theta)$

对 i 进行求导，有

$$\frac{\mathrm{d}i}{\mathrm{d}t}=\frac{\mathrm{d}}{\mathrm{d}t}\mathrm{Re}[\sqrt{2}\dot{I}\mathrm{e}^{\mathrm{j}\omega t}]=\mathrm{Re}\left[\frac{\mathrm{d}}{\mathrm{d}t}(\sqrt{2}\dot{I}\mathrm{e}^{\mathrm{j}\omega t})\right]$$

上述关系表明：复指数函数实部的导数等于复指数函数导数的实部。其结果为

$$\frac{\mathrm{d}i}{\mathrm{d}t}=\mathrm{Re}[\sqrt{2}(\mathrm{j}\omega\dot{I})\mathrm{e}^{\mathrm{j}\omega t}]$$

由上式可见，$\dfrac{\mathrm{d}i}{\mathrm{d}t}$ 对应的相量为 $\mathrm{j}\omega\dot{I}$，具有如下对应关系

$$\frac{\mathrm{d}i}{\mathrm{d}t}\Leftrightarrow\mathrm{j}\omega\dot{I} \tag{7-11}$$

因而,也可以推得对于 i 的高阶导数 $\dfrac{\mathrm{d}^n i}{\mathrm{d}t^n}$,其相量为

$$(\mathrm{j}\omega)^n \dot{I}$$

3. 正弦量的积分

设 $i=\sqrt{2}I\cos(\omega t+\theta)$,其积分为

$$\int i\mathrm{d}t=\int \mathrm{Re}\left[\sqrt{2}\dot{I}\mathrm{e}^{\mathrm{j}\omega t}\right]\mathrm{d}t=\mathrm{Re}\left[\int \sqrt{2}(\dot{I}\mathrm{e}^{\mathrm{j}\omega t})\mathrm{d}t\right]=\mathrm{Re}\left[\sqrt{2}\left(\dfrac{\dot{I}}{\mathrm{j}\omega}\right)\mathrm{e}^{\mathrm{j}\omega t}\right]$$

即积分项 $\int i\mathrm{d}t$ 对应的相量为 $\dfrac{\dot{I}}{\mathrm{j}\omega}$,其对应关系为

$$\int i\mathrm{d}t\Leftrightarrow\dfrac{\dot{I}}{\mathrm{j}\omega} \tag{7-12}$$

正弦量的积分仍为同频率的正弦量,其相量的模值为 $\sqrt{2}\dfrac{I}{\omega}$,其辐角滞后 $\dfrac{\pi}{2}$。电流 i 的 n 重积分的相量为

$$\dfrac{\dot{I}}{(\mathrm{j}\omega)^n}$$

例 7-3 设两个同频率的正弦电压分别为:$u_1=\sqrt{2}220\cos(\omega t)$ V,$u_2=\sqrt{2}220\cos(\omega t-120°)$ V,求 u_1+u_2 和 u_1-u_2。

解 两个同频率的正弦电压所对应的相量分别为

$$\dot{U}_1=220\angle 0°\ \mathrm{V}, \quad \dot{U}_2=220\angle -120°\ \mathrm{V}$$

u_1、u_2 的和与差为

$$u_1\pm u_2=\mathrm{Re}\left[\sqrt{2}\dot{U}_1\mathrm{e}^{\mathrm{j}\omega t}\right]\pm\mathrm{Re}\left[\sqrt{2}\dot{U}_2\mathrm{e}^{\mathrm{j}\omega t}\right]=\mathrm{Re}\left[\sqrt{2}(\dot{U}_1\pm\dot{U}_2)\mathrm{e}^{\mathrm{j}\omega t}\right]$$

相量 $\dot{U}_1$、$\dot{U}_2$ 的和与差的运算也是复数的加减运算。可以求得

$$\dot{U}_1+\dot{U}_2=220\angle 0°\ \mathrm{V}+220\angle -120°\ \mathrm{V}=(220+\mathrm{j}0-110-\mathrm{j}190.5)\ \mathrm{V}$$
$$=(110-\mathrm{j}190.5)\ \mathrm{V}=220\angle -60°\ \mathrm{V}$$
$$\dot{U}_1-\dot{U}_2=(220\angle 0°-220\angle -120°)\ \mathrm{V}=(220+\mathrm{j}0+110+\mathrm{j}190.5)\ \mathrm{V}$$
$$=(330+\mathrm{j}190.5)\ \mathrm{V}=381\angle 30°\ \mathrm{V}$$

根据以上相量运算结果可以写出

$$u_1+u_2=\sqrt{2}220\cos(\omega t-60°)\ \mathrm{V}$$
$$u_1-u_2=\sqrt{2}381\cos(\omega t-60°)\ \mathrm{V}$$

例 7-4 流过 0.5 F 电容的电流为 $i(t)=\sqrt{2}\cos(100t-30°)$ A,试求流过电容的电压 $u(t)$。

解 写出已知正弦量 $i(t)$ 的相量为

$$\dot{I}=1\angle 30°\ \mathrm{A}$$

利用相量关系式运算:

$$u(t)=\dfrac{\int i(t)\mathrm{d}t}{C}$$

可得

$$\dot{U}=\dfrac{\dot{I}}{\mathrm{j}\omega C}=-\mathrm{j}\dfrac{\dot{I}}{\omega C}=-\mathrm{j}\dfrac{\angle 30°}{100\times 0.5}\ \mathrm{V}=0.02\angle 120°\ \mathrm{V}$$

7.4 电路定律的相量形式

7.4.1 基尔霍夫定律的相量形式

正弦电流电路中的各支路电流和支路电压都是同频正弦量。因此描述电路形状的微积分方程可以用相量法将其转换为代数方程来进行求解。本节将给出电路基本定律的相量形式，这样，就可以直接用相量法得出电路相量形式的方程。

基尔霍夫定律的时域形式为

根据 KCL，$$\sum i = 0$$

根据 KVL，$$\sum u = 0$$

由于正弦电流电路中的电压、电流都是同频正弦量，根据以上所论述的相量运算，很容易推导出基尔霍夫定律的相量形式为

根据 KCL，$$\sum \dot{I} = 0$$

根据 KVL，$$\sum \dot{U} = 0$$

可见，在正弦电路中，基尔霍夫定律可以直接用电流相量和电压相量写出。

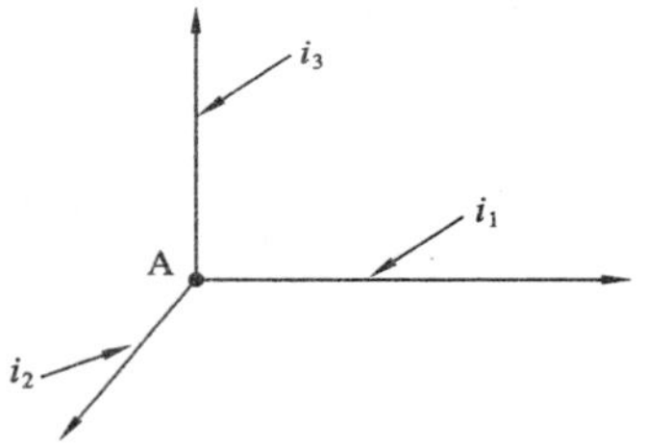

图 7-6 例 7-5 图

例 7-5 图 7-6 所示为电路中的一个节点 A，已知：

$$i_1(t) = 10\sqrt{2}\cos(\omega t + 60°) \text{ A}$$

$$i_2(t) = 5\sqrt{2}\cos(\omega t - 90°) \text{ A}$$

试求 $i_3(t)$。

解 将电流写成相量形式，有

$$\dot{I}_1 = 10\angle 60° \text{ A}, \quad \dot{I}_2 = 5\angle -90° \text{ A}$$

根据 KCL 方程的相量形式 $\sum \dot{I} = 0$，得

$$\dot{I}_1 + \dot{I}_2 - \dot{I}_3 = 0$$

$$\dot{I}_3 = \dot{I}_1 + \dot{I}_2 = (10\angle 60° + 5\angle -90°) \text{ A} = (5 + j8.66 - j5) \text{ A}$$

$$= (5 + j3.66) \text{ A} = 6.2\angle 36.2° \text{ A}$$

将 $\dot{I}_3$ 写成对应的正弦量，即

$$i_3(t) = 6.2\sqrt{2}\cos(\omega t + 36.2°) \text{ A}$$

7.4.2 基本元件 VAR 的相量形式

设二端元件的端电压 u 和电流 i（u 和 i 取关联参考方向）分别为

$$\begin{cases} u(t) = \sqrt{2}U\cos(\omega t + \theta) = \text{Re}[\sqrt{2}\dot{U}e^{j\omega t}] \\ i(t) = \sqrt{2}I\cos(\omega t + \varphi) = \text{Re}[\sqrt{2}\dot{I}e^{j\omega t}] \end{cases}$$

式中：

$$\dot{U} = Ue^{j\theta}、 \quad \dot{I} = Ie^{j\varphi}$$

分别为电压、电流的有效值相量。

这些元件的电压、电流关系，在正弦稳态时都是同频正弦量的关系，涉及有关运算都可以用相量来进行，从而这些关系的时域形式都可以转换为相量形式。现分述如下。

1. 电阻元件

对于图 7-7 所示的电阻 R，当有电流 i 通过时，电阻两端的电压

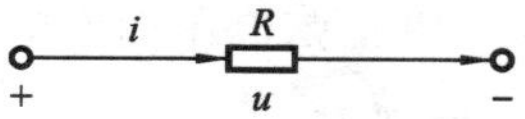

图 7-7　电阻中的电流

u 为

$$u = Ri$$

具有正弦激励时，有　　$\sqrt{2}U\cos(\omega t + \theta) = \sqrt{2}RI\cos(\omega t + \varphi)$

由以上推导可知

$$\mathrm{Re}[\sqrt{2}\dot{U}\mathrm{e}^{\mathrm{j}\omega t}] = \mathrm{Re}[\sqrt{2}R\dot{I}\mathrm{e}^{\mathrm{j}\omega t}]$$

即可得　　　　　　　　　　　　$\dot{U} = R\dot{I}$

该式可以分解为

$$\begin{cases} U = RI \\ \varphi = \theta \end{cases}$$

由以上推导可知，电阻上的电压和电流为同频正弦量，电阻端电压有效值等于电阻与电流有效值的乘积，而且电压与电流同相。

2. 电感元件

当正弦电流通过电感 L 时，电感两端将出现正弦电压，如图 7-8 所示。若正弦电流、电压为

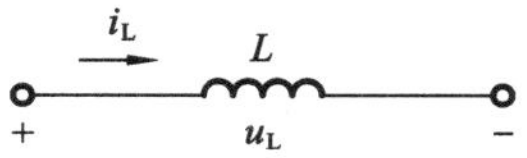

图 7-8　电感中的正弦电流

$$i_L = \sqrt{2}I\cos(\omega t + \varphi)$$
$$u_L = \sqrt{2}U\cos(\omega t + \theta)$$

当有电流 i_L 通过图 7-8 所示的电感时，有

$$u_L = L\frac{\mathrm{d}i_L}{\mathrm{d}t}$$

当具有正弦激励时，有

$$u_L = \sqrt{2}U\cos(\omega t + \theta) = L\frac{\mathrm{d}}{\mathrm{d}t}\left[\sqrt{2}I\cos(\omega t + \varphi)\right] = \sqrt{2}\omega LI\cos\left(\omega t + \varphi + \frac{\pi}{2}\right)$$

上式也可以写为

$$\mathrm{Re}[\sqrt{2}\dot{U}\mathrm{e}^{\mathrm{j}\omega t}] = L\frac{\mathrm{d}}{\mathrm{d}t}\mathrm{Re}[\sqrt{2}\dot{I}\mathrm{e}^{\mathrm{j}\omega t}] = \mathrm{Re}[\sqrt{2}\mathrm{j}\omega L\dot{I}\mathrm{e}^{\mathrm{j}\omega t}]$$

其相量形式为

$$\dot{U} = \mathrm{j}\omega L\dot{I} \tag{7-13}$$

式(7-13)即为电感元件伏安关系的相量形式。

考虑到　　　　　　　　　　$\dot{U} = U\mathrm{e}^{\mathrm{j}\theta}, \quad \dot{I} = I\mathrm{e}^{\mathrm{j}\varphi}$

式(7-13)可以写为　　　　　　$U\mathrm{e}^{\mathrm{j}\theta} = \mathrm{j}\omega LI\mathrm{e}^{\mathrm{j}\varphi}$

即

$$\begin{cases} U = \omega LI \\ \theta = \varphi + \dfrac{\pi}{2} \end{cases}$$

上式表明，电感电压的有效值等于 ωL 和电流有效值的乘积，而且电流落后于电压 $\dfrac{\pi}{2}$。

3. 电容元件

将正弦电压加于电容两端时，电容电路中将出现正弦电流，如图 7-9 所示。设正弦电压 u_C、电流 i_C 为

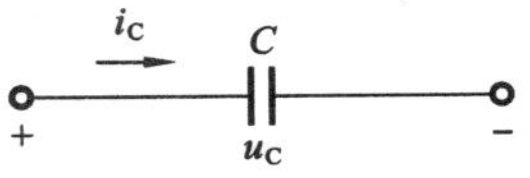

图 7-9 电容中的正弦电流

$$i_C = \sqrt{2}\,I\cos(\omega t + \varphi)\,, \quad u_C = \sqrt{2}\,U\cos(\omega t + \theta)$$

它们时域的关系为

$$i_C = C\frac{\mathrm{d}u_C}{\mathrm{d}t}$$

即

$$\sqrt{2}\,I\cos(\omega t + \varphi) = \sqrt{2}\,\omega C U\cos\left(\omega t + \theta + \frac{\pi}{2}\right)$$

根据实部的运算规则，上式又可以写为

$$\mathrm{Re}\left[\sqrt{2}\,\dot{I}\mathrm{e}^{\mathrm{j}\omega t}\right] = C\frac{\mathrm{d}}{\mathrm{d}t}\mathrm{Re}\left[\sqrt{2}\,\dot{U}\mathrm{e}^{\mathrm{j}\omega t}\right] = \mathrm{Re}\left[\sqrt{2}\,\mathrm{j}\omega C\dot{U}\mathrm{e}^{\mathrm{j}\omega t}\right]$$

相应的相量形式为

$$\dot{I} = \mathrm{j}\omega C\dot{U} \tag{7-14}$$

式(7-14)即为电容元件伏安关系的相量形式。

考虑到

$$\dot{U} = U\mathrm{e}^{\mathrm{j}\theta}\,, \quad \dot{I} = I\mathrm{e}^{\mathrm{j}\varphi}$$

式(7-14)可以写为

$$I\mathrm{e}^{\mathrm{j}\varphi} = \mathrm{j}\omega C U\mathrm{e}^{\mathrm{j}\theta}$$

即有

$$\begin{cases} U = \dfrac{1}{\omega C}I \\ \theta = \varphi - \dfrac{\pi}{2} \end{cases} \tag{7-15}$$

式(7-15)表明，电容电压的有效值等于 $\dfrac{1}{\omega C}$ 和电流有效值的乘积，而且电流超前于电压 $\dfrac{\pi}{2}$。

最后，将 R、L、C 伏安关系的相量形式归纳如表 7-1 所示。

表 7-1 R、L、C 伏安关系的相量形式

相 量 模 型	伏 安 关 系		相 量 图
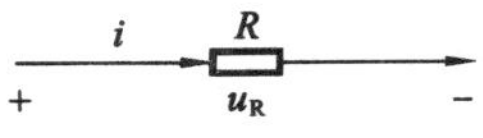	$\dot{U} = R\dot{I}$	$\dot{I} = \dfrac{\dot{U}}{R}$	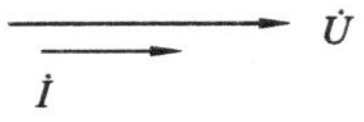
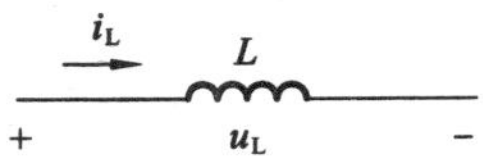	$\dot{U} = \mathrm{j}\omega L\dot{I}$	$\dot{I} = \dfrac{1}{\mathrm{j}\omega L}\dot{U}$	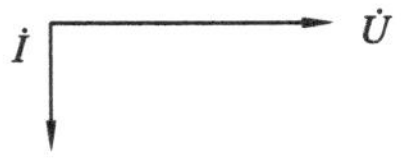
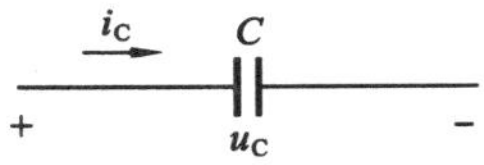	$\dot{U} = \dfrac{1}{\mathrm{j}\omega C}\dot{I}$	$\dot{I} = \mathrm{j}\omega C\dot{U}$	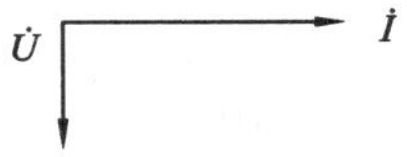

根据上述 KCL 和 KVL 的相量形式和 R、L、C 等元件 VCR 的相量形式，不难看出其在形式上与描述电阻电路的有关关系式很相似。

例 7-6 电路如图 7-10 所示，试用相量法求该电路微分方程 u_C 的解。

已知：

$$i_s(t)=2\cos\left(3t+\frac{\pi}{4}\right)\text{ A}, \quad R=1\ \Omega, \quad C=2\text{ F}$$

解 电路的微分方程为

$$C\frac{\mathrm{d}u_C}{\mathrm{d}t}+\frac{1}{R}u_C=I_{\mathrm{sm}}\cos(\omega t+\theta_i)$$

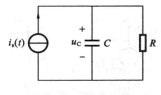

图 7-10 例 7-6 图

设特解为

$$u_C=U_{\mathrm{Cm}}\cos(\omega t+\theta_u)$$

特解及正弦激励同为同频率的正弦波,分别用相量

$$\dot{U}_{\mathrm{Cm}}=U_{\mathrm{Cm}}\angle\theta_u \text{ 及 } \dot{I}_{\mathrm{sm}}=I_{\mathrm{sm}}\angle\theta_i$$

代表。根据前文所描述的法则,可得

$$(\mathrm{j}\omega)C\dot{U}_{\mathrm{Cm}}+\frac{1}{R}\dot{U}_{\mathrm{Cm}}=\dot{I}_{\mathrm{sm}}$$

即

$$\dot{U}_{\mathrm{Cm}}=\frac{\dot{I}_{\mathrm{sm}}}{\frac{1}{R}+\mathrm{j}\omega C}$$

得

$$U_{\mathrm{Cm}}\angle\theta_u=\frac{I_{\mathrm{sm}}\angle\theta_i}{\sqrt{\left(\frac{1}{R}\right)^2+(\omega C)^2}\angle\arctan(\omega CR)}$$

于是有

$$U_{\mathrm{Cm}}=\frac{I_{\mathrm{sm}}}{\sqrt{\left(\frac{1}{R}\right)^2+(\omega C)^2}}$$

和

$$\theta_u=\angle\theta_i-\angle\arctan(\omega CR)$$

代入数据可得

$$U_{\mathrm{Cm}}=\frac{1}{\sqrt{1^2+6^2}}\text{ V}=\frac{2}{\sqrt{37}}\text{ V}=0.329\text{ V}$$

$$\theta_u=\theta_i-\arctan6=45°-80.5°=-35.5°$$

故得

$$u_C=0.329\cos(3t-35.5°)\text{ V}$$

(本题采用振幅相量)

例 7-7 电路如图 7-11 所示,$i_s(t)=\sqrt{2}5\cos(10^3t)$ A,$R=3\ \Omega$,$L=1$ H,$C=1\ \mu$F,求电压 u_R,u_C,u_L。

解 设电路的电流相量为参考相量,即令 $\dot{I}=5\angle0°$ A。根据 VCR,有

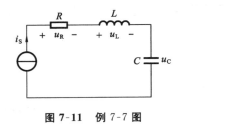

图 7-11 例 7-7 图

$$\dot{U}_R=R\dot{I}=15\angle0°\text{ V}$$

$$\dot{U}_L=\mathrm{j}\omega L\dot{I}=5000\angle90°\text{ V}$$

$$\dot{U}_C=-\mathrm{j}\frac{1}{\omega C}\dot{I}=5000\angle-90°\text{ V}$$

$$u_R=\sqrt{2}15\cos(10^3t)\text{ V}$$

$$u_L=\sqrt{2}5000\cos(10^3t+90°)\text{ V}$$

$$u_C=\sqrt{2}5000\cos(10^3t-90°)\text{ V}$$

例 7-8 电路如图 7-12 所示,已知 $u(t)=120\sqrt{2}\cos(1000t+90°)$ V,$R=15\ \Omega$,$L=30$ mH,$C=83.3\ \mu$F,求 $i(t)$。

解 用相量关系求解,

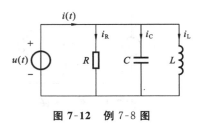

图 7-12 例 7-8 图

$$\dot{U}=120\angle90° \text{ V}$$

对于电阻元件，

$$\dot{I}_{R}=\frac{\dot{U}}{R}=\frac{120\angle90°}{15} \text{ A}=8\angle90° \text{ A}=\text{j}8 \text{ A}$$

对于电容元件，

$$\dot{I}_{C}=\text{j}\omega C\dot{U}=1000\times83.3\times10^{-6}\times120\angle(90+90)° \text{ A}$$
$$=10\angle180° \text{ A}=-10 \text{ A}$$

对于电感元件，

$$\dot{I}_{L}=\frac{\dot{U}}{\text{j}\omega L}=\frac{120\angle90°}{1000\times30\times10^{-3}\angle90°} \text{ A}=4\angle0° \text{ A}$$

由 KCL $\quad \dot{I}=\dot{I}_{R}+\dot{I}_{C}+\dot{I}_{L}=(\text{j}8-10+4) \text{ A}=(-6+\text{j}8) \text{ A}=10\angle127° \text{ A}$

最后可得 $\quad i(t)=10\sqrt{2}\cos(1000t+127°) \text{ A}$

7.5 阻抗和导纳

7.5.1 阻抗

图 7-13(a)所示的是由线性元件(如电阻、电感、电容)组成的不包含独立源的一端口网络 N_0。当它在角频率为 ω 的正弦电压(或正弦电流)激励下处于稳定状态时,端口的电流(或电压)将是同频率的正弦量。应用相量法,端口的电压相量 $\dot{U}$ 与电流相量 $\dot{I}$ 的比值定义为该一端口网络的阻抗 Z,即

$$Z=\frac{\dot{U}}{\dot{I}}=\frac{U}{I}\angle\phi_{u}-\phi_{i}=|Z|\angle\varphi_{z} \tag{7-16}$$

式中:$\dot{U}=U\angle\phi_{u}$,$\dot{I}=I\angle\phi_{i}$。Z 又称为复阻抗,Z 的模值 $|Z|$ 称为阻抗模,辐角 ϕ_{z} 称为阻抗角。

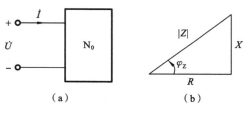

（a）　　　　　　（b）

图 7-13 一端口网络的阻抗

由式(7-16)不难得出

$$|Z|=\frac{U}{I}\varphi_{Z}=\phi_{u}-\phi_{i} \tag{7-17}$$

式(7-17)表明,阻抗模 $|Z|$ 为电压和电流有效值(或振幅)之比,阻抗角 φ_{Z} 为电压和电流的相位差。阻抗 Z 的代数形式可写为

$$Z=R+\text{j}X \tag{7-18}$$

式中:实部 $\text{Re}[Z]=|Z|\cos\varphi_{Z}(=R)$ 称为电阻;虚部 $\text{Im}[Z]=|Z|\sin\varphi_{Z}(=X)$ 称为电抗。

如果一端口网络 N_0 内部仅含单个元件 R、L 或 C,则对应的阻抗分别为

$$Z_R = R$$
$$Z_L = j\omega L$$
$$Z_C = -j\frac{1}{\omega C}$$

所以电阻 R 的阻抗虚部为零,实部为 R。电感 L 的阻抗实部为零,虚部为 ωL。Z_L 的"电抗"用 X_L 表示,$X_L = \omega L$,称为感性电抗,简称感抗。电容 C 的阻抗实部为零,虚部为 $-\frac{1}{\omega C}$。Z_C 的"电抗"用 X_C 表示,$X_C = -\frac{1}{\omega C}$,称为容性电抗,简称容抗。

如果 N_0 内部为 RLC 串联电路,则阻抗 Z 为

$$Z = \frac{\dot{U}}{\dot{I}} = R + j\omega L + \frac{1}{j\omega C} = R + j\left(\omega L - \frac{1}{\omega C}\right)$$
$$R + jX = |Z| \angle \varphi_Z \tag{7-19}$$

Z 的实部就是电阻 R,虚部 X 即电抗为

$$X = X_L + X_C = \omega L - \frac{1}{\omega C} \tag{7-20}$$

Z 的模值和辐角分别为

$$|Z| = \sqrt{R^2 + X^2}, \quad \varphi_Z = \arctan\left(\frac{X}{R}\right)$$

而
$$R = |Z|\cos\varphi_Z, \quad X = |Z|\sin\varphi_Z \tag{7-21}$$

当 $X > 0$,即 $\omega L > \frac{1}{\omega C}$ 时,称 Z 呈感性;当 $X < 0$,即 $\omega L < \frac{1}{\omega C}$ 时,称 Z 呈容性。

一般情况下,按式(7-16)定义的阻抗又称为一端口网络 N_0 的等效阻抗、输入阻抗或驱动点阻抗,它的实部和虚部都是外施正弦激励角频率 ω 的函数,此时 Z 可写为

$$Z(j\omega) = R(\omega) + jX(\omega) \tag{7-22}$$

$Z(j\omega)$ 的实部 $R(\omega)$ 称为电阻分量,虚部 $X(\omega)$ 称为电抗分量。

按阻抗 Z 的代数形式,R、X 和 $|Z|$ 之间的关系可用一个直角三角形来表示(见图 7-13(b)),此三角形称为阻抗三角形。

显然,阻抗具有与电阻相同的量纲。

7.5.2　导纳

阻抗 Z(复数)的倒数定义为导纳(复数),用 Y 表示,如下

$$Y = \frac{1}{Z} = \frac{\dot{I}}{\dot{U}} = \frac{I}{U} \angle \phi_i - \phi_u = |Y| \angle \varphi_Y \tag{7-23}$$

Y 的模值 $|Y|$ 称为导纳模,辐角 φ_Y 称为导纳角,而

$$|Y| = \frac{I}{U}, \quad \varphi_Y = \phi_i - \phi_u \tag{7-24}$$

导纳 Y 的代数形式可写为

$$Y = G + jB \tag{7-25}$$

Y 的实部 $\text{Re}[Y] = |Y|\cos\varphi_Y = G$ 称为电导,虚部 $\text{Im}[Y] = |Y|\sin\varphi_Y = B$ 称为电纳。

对于单个元件 R、L、C,它们的导纳分别为

$$Y_R = G = \frac{1}{R}$$

$$Y_L = \frac{1}{j\omega L} = -j\frac{1}{\omega L}$$

$$Y_C = j\omega C$$

电阻 R 的导纳的实部即为电导 G，虚部为零。电感 L 的导纳的实部为零，虚部为 $-\frac{1}{\omega L}$，即电纳 $B_L = -\frac{1}{\omega L}$。电容 C 的导纳的实部为零，虚部为 ωC，即电纳 $B_C = \omega C$。B_L 有时称为感性电纳，简称感纳；B_C 有时称为容性电纳，简称容纳。

如果一端口网络 N_0 内部为 RLC 并联电路，则如图 7-14 所示的导纳为

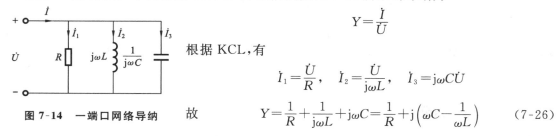

$$Y = \frac{\dot{I}}{\dot{U}}$$

根据 KCL，有

$$\dot{I}_1 = \frac{\dot{U}}{R}, \quad \dot{I}_2 = \frac{\dot{U}}{j\omega L}, \quad \dot{I}_3 = j\omega C\dot{U}$$

图 7-14 一端口网络导纳　故

$$Y = \frac{1}{R} + \frac{1}{j\omega L} + j\omega C = \frac{1}{R} + j\left(\omega C - \frac{1}{\omega L}\right) \tag{7-26}$$

Y 的实部就是电导 G，虚部 $B = \omega C - \frac{1}{\omega L} = B_C + B_L$。$Y$ 的模和导纳角分别为

$$|Y| = \sqrt{G^2 + B^2}, \quad \varphi_Y = \arctan\left(\frac{\omega C - \frac{1}{\omega L}}{G}\right)$$

当 $B > 0$，即 $\omega C > \frac{1}{\omega L}$ 时，称 Y 呈容性；当 $B < 0$，即 $\omega C < \frac{1}{\omega L}$ 时，称 Y 呈感性。

一般情况下，按一端口网络定义的导纳又称为一端口网络 N_0 的等效导纳、输入导纳或驱动点导纳，它的实部和虚部都将是外施正弦激励的角频率 ω 的函数，此时 Y 可写为

$$Y(j\omega) = G(\omega) + jB(\omega)$$

$Y(j\omega)$ 的实部 $G(\omega)$ 称为电导分量，虚部 $B(\omega)$ 称为电纳分量。

阻抗和导纳可以等效互换，条件为

$$Z(j\omega)Y(j\omega) = 1$$

即有

$$|Z(j\omega)||Y(j\omega)| = 1, \quad \varphi_Z + \varphi_Y = 0$$

7.6　阻抗（导纳）的串联和并联

阻抗的串联和并联电路的计算，与电阻的串联和并联电路相似。n 个阻抗相串联，其等效阻抗等于 n 个阻抗之和，即

$$Z_{eq} = Z_1 + Z_2 + \cdots + Z_n \tag{7-27}$$

n 个串联阻抗中任一阻抗 Z_k 上的电压 $\dot{U}_k$ 可由分压公式求得

$$\dot{U}_k=\frac{Z_k}{Z_{eq}}U, \quad k=1,2,\cdots,n \tag{7-28}$$

式中：$\dot{U}$ 为总电压。

同理，n 个导纳并联，其等效导纳等于 n 个并联导纳之和，即

$$Y_{eq}=Y_1+Y_2+\cdots+Y_n \tag{7-29}$$

n 个并联导纳中任一导纳 Y_k 中的电流 $\dot{I}_k$ 可由分流公式求得

$$\dot{I}_k=\frac{Y_k}{Y_{eq}}I, \quad k=1,2,\cdots,n \tag{7-30}$$

式中：$\dot{I}$ 为总电流。

例 7-9　在 RLC 串联电路中，已知 $R=10\ \Omega$，$L=445\ mH$，$C=32\ \mu F$，正弦交流电源电压 $U=220\ V$，$f=50\ Hz$，求：

(1) 电路中电流的有效值；

(2) 电源电压与电流的相位差；

(3) 电阻、电感、电容电压的有效值。

解　(1) 因为
$$X_L=2\pi\times50\times0.445\ \Omega=140\ \Omega$$
$$X_C=\frac{1}{2\pi\times50\times32\times10^{-6}}\ \Omega=100\ \Omega$$
$$|Z|=\sqrt{10^2+(140-100)^2}\ \Omega=41.2\ \Omega$$

所以得
$$I=\frac{U}{|Z|}=\frac{220}{41.2}\ A=5.3\ A$$

(2) 电压与电流的相位差角也是电路的阻抗角，由阻抗三角形可得
$$\varphi=\arctan\frac{X_L-X_C}{R}=\arctan\frac{140-100}{10}\approx76.0°$$

(3) 由元件的电压与电流关系，得
$$U_R=IR=5.3\times10\ V=53\ V$$
$$U_L=IX_L=5.3\times140\ V=742\ V$$
$$U_C=IX_C=5.3\times100\ V=530\ V$$

例 7-10　图 7-15 所示并联电路中，已知端电压 $u=220\sqrt{2}\sin(314t-30°)\ V$，$R_1=R_2=6\ \Omega$，$X_L=X_C=8\ \Omega$。

试求：

(1) 总导纳 Y；

(2) 各支路电流 $\dot{I}_1$、$\dot{I}_2$ 和总电流 $\dot{I}$。

解　选取 $\dot{U}$、$\dot{I}$、$\dot{I}_1$、$\dot{I}_2$ 的参考方向如图 7-15 所示。

已知 $\dot{U}=220\angle-30°\ V$，有

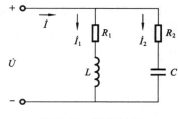

图 7-15　例 7-10 图

(1) $Y_1=\dfrac{1}{6+j8}\ S=\dfrac{6-j8}{100}\ S=(0.06-j0.08)\ S$

$=0.1\angle-53.1°\ S$

$Y_2=\dfrac{1}{6-j8}\ S=\dfrac{6+j8}{100}\ S=(0.06+j0.08)\ S=0.1\angle53.1°\ S$

$Y=Y_1+Y_2=(0.06-j0.08+0.06+j0.08)\ S=0.12\ S$

(2)
$$\dot{I}_1=\dot{U}Y_1=(220\angle-30°\times0.1\angle-53.1°)\ \text{A}=22\angle-83.1°\ \text{A}$$
$$\dot{I}_2=\dot{U}Y_2=(220\angle-30°\times0.1\angle53.1°)\ \text{A}=22\angle23.1°\ \text{A}$$
$$\dot{I}=\dot{U}Y=(220\angle-30°\times0.12)\ \text{A}=26.4\angle-30°\ \text{A}$$

7.7　电路的相量图

在分析正弦电路时,借助相量图往往可以使分析计算的过程简单化。通过相量图,可以直观地观察到电路中各电压、电流相量之间的大小和相位关系。作相量图时,首先选定一个参考相量(即假设该相量的初相为零),并把它画在水平方向上,即参考相量的方向,其他相量可以根据与参考相量的关系画出。

由于串联电路中流经各元器件的电流相同,常选电流相量为参考相量;由于并联电路各元器件承受同一电压,常选电压相量为参考相量。对于混联电路先将局部的串联、并联电路的相量图按照上述原则画出,再将局部电路组合为总体电路,最后画出总体电路的相量图。

例 7-11　图 7-16 所示电路中正弦电压 $U_s=380\ \text{V}$,$f=50\ \text{Hz}$,电容可调。当 $C=80.95\ \mu\text{F}$,交流电流表 A 的读数最小,其值为 2.59 A。求图 7-16 所示交流电流表 A_1 的读数。

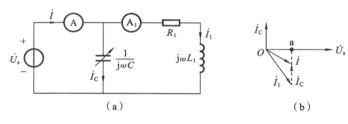

图 7-16　例 7-11 图

解　本题利用作相量图的方法来解题。

当电容 C 变化时,$\dot{I}_1$ 始终不变,可先画出电路的相量图。令 $\dot{U}_s=380\angle0°\ \text{V}$,$\dot{I}_1=\dfrac{\dot{U}_s}{R+\text{j}\omega L}$,故 $\dot{I}_1$ 滞后电压 $\dot{U}_s$,$\dot{I}_C=\text{j}\omega C\dot{U}_s$。表示 $\dot{I}=\dot{I}_1+\dot{I}_C$ 的电流相量组成的三角形如图 7-16(b)所示。当电容 C 变化时,$\dot{I}_C$ 始终与 $\dot{U}_s$ 正交,故 $\dot{I}_C$ 的末端将沿图中所示虚线变化,而到达 a 点时,$\dot{I}$ 最小。当 $\dot{I}_C=\omega C U_s=9.66\ \text{A}$,此时 $\dot{I}=2.59\ \text{A}$,由电流三角形解得电流表 A_1 的读数为

$$\sqrt{(9.66)^2+(2.59)^2}\ \text{A}=10\ \text{A}$$

7.8　正弦稳态电路的分析

欧姆定律和基尔霍夫定律是分析各种电路的理论依据,我们已经分析了电阻元件、电感元件以及电容元件上欧姆定律的相量形式。在交流电路中,由于引入了电压、电流的相量,因此欧姆定律和基尔霍夫定律也应有相应的相量形式,即

$$\sum \dot{I} = 0 \tag{7-31}$$

$$\sum \dot{U} = 0 \tag{7-32}$$

$$\dot{U} = Z\dot{I} \tag{7-33}$$

$$\dot{I} = Y\dot{U} \tag{7-34}$$

采用相量法分析时,线性电阻电路的各种分析方法和电路定理可推广用于线性电路的正弦稳态分析,差别仅在于所得电路方程为以相量形式表示的代数方程以及用相量形式描述的电路定理,而计算则为复数运算。

例 7-12 列出图 7-17 所示电路的节点方程和回路方程。

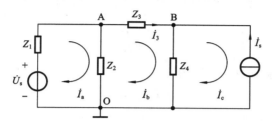

图 7-17 例 7-12 图

解 (1) 设 O 点为参考点,两节点电压分别为 $\dot{U}_A$ 和 $\dot{U}_B$。列出节点方程

$$\left(\frac{1}{Z_1} + \frac{1}{Z_2} + \frac{1}{Z_3}\right)\dot{U}_A - \frac{1}{Z_3}\dot{U}_B = \frac{\dot{U}_s}{Z_1} \tag{7-35}$$

$$-\frac{1}{Z_3}\dot{U}_A + \left(\frac{1}{Z_3} + \frac{1}{Z_4}\right)\dot{U}_B = \dot{I}_s \tag{7-36}$$

式(7-35)中 $\dot{U}_A$ 的系数为节点 A 的自导纳,$\dot{U}_B$ 的系数为节点 A 与节点 B 之间的互导纳;式(7-36)中 $\dot{U}_A$ 的系数为节点 B 与节点 A 之间的互导纳,$\dot{U}_B$ 的系数为节点 B 的自导纳。

(2) 设回路电流的参考方向如图所示,列写回路方程,即

$$\begin{cases} (Z_1 + Z_2)\dot{I}_a - Z_2\dot{I}_b = \dot{U}_s \\ -Z_2\dot{I}_a + (Z_2 + Z_3 + Z_4)\dot{I}_b - Z_4\dot{I}_c = 0 \\ \dot{I}_c = -\dot{I}_s \end{cases} \tag{7-37}$$

式中:第一个方程中 $\dot{I}_a$ 的系数称为回路 a 的自阻抗,$\dot{I}_b$ 的系数为回路 a 与回路 b 之间的互阻抗;第二个方程中 $\dot{I}_b$ 的系数称为回路 b 的自阻抗,$\dot{I}_a$ 和 $\dot{I}_c$ 的系数分别为回路 b 与回路 a、回路 c 之间的互阻抗。

例 7-13 求图 7-18(a)所示一端口网络的戴维南等效电路。

解 戴维南等效电路的开路电压 $\dot{U}_{oc}$ 和戴维南等效阻抗 Z_{eq} 的求解方法与电阻电路相似,先求 $\dot{U}_{oc}$,即

$$\dot{U}_{oc} = -r\dot{I}_2 + \dot{U}_{ao}$$

又有

$$(Y_1 + Y_2)\dot{U}_{ao} = Y_1\dot{U}_{s1} - \dot{I}_{s3}$$

$$\dot{I}_2 = Y_2\dot{U}_{ao}$$

解得

$$\dot{U}_{oc} = \frac{(1 - rY_2)(Y_1\dot{U}_{s1} - \dot{I}_{s3})}{Y_1 + Y_2}$$

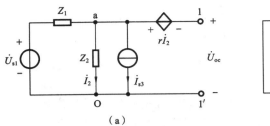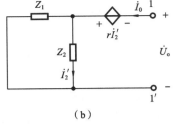

图 7-18　例 7-13 图

可按图 7-18(b)所示求解等效阻抗 Z_{eq}。在端口 1、$1'$ 放置一电压源 $\dot{U}_o$(与独立电源同频率),求得 $\dot{I}_o$ 后,有

$$Z_{eq}=\frac{\dot{U}_o}{\dot{I}_o}$$

可以设 $\dot{I}'_2$ 为已知,然后求出 $\dot{U}_o$、$\dot{I}_o$,可得

$$\dot{I}_o=\dot{I}'_2+Z_2Y_1\dot{I}'_2$$

$$\dot{U}_o=Z_2\dot{I}'_2-r\dot{I}'_2$$

解得

$$Z_{eq}=\frac{(Z_2-r)\dot{I}'_2}{(1+Z_2Y_1)\dot{I}'_2}=\frac{Z_2-r}{1+Z_2Y_1}$$

7.9　正弦稳态电路的功率

7.9.1　瞬时功率

设图 7-19 所示一端口网络 N 内部不含独立电源,仅含电阻、电感、电容等无源元件,它吸收的瞬时功率 p 等于电压 u 和电流 i 的乘积。

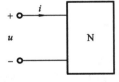

图 7-19　一端口网络

$$p=ui$$

在正弦稳态的情况下,设

$$u=\sqrt{2}U\cos(\omega t+\phi_u)$$

$$i=\sqrt{2}I\cos(\omega t+\phi_i)$$

有

$$p=u\cdot i=\sqrt{2}U\cos(\omega t+\phi_u)\times\sqrt{2}I\cos(\omega t+\phi_i)$$

$$=UI\cos(\phi_u-\phi_i)+UI\cos(2\omega t+\phi_u+\phi_i)$$

令 $\varphi=\phi_u-\phi_i$,φ 为电压和电流之间的相位差,有

$$p=UI\cos\varphi+UI\cos(2\omega t+\phi_u+\phi_i) \tag{7-38}$$

由式(7-38)可见,瞬时功率具有恒定分量 $UI\cos\varphi$ 和正弦分量 $UI\cos(2\omega t+\phi_u+\phi_i)$ 两部分,正弦分量的频率是电压或电流频率的 2 倍。

瞬时功率还可以写成

$$p=UI\cos\varphi+UI\cos(2\omega t+2\phi_u-\varphi)$$

$$=UI\cos\varphi+UI\cos\varphi\cos(2\omega t+2\phi_u)+UI\sin\varphi\sin(2\omega t+2\phi_u)$$

$$=UI\cos\varphi\{1+\cos[2(\omega t+\phi_u)]\}+UI\sin\varphi\sin[2(\omega t+\phi_u)] \tag{7-39}$$

式(7-39)的第一项始终大于或等于零$\left(\varphi\leqslant\dfrac{\pi}{2}\right)$，是瞬时功率中的不可逆部分；第二项是瞬时功率中的可逆部分，其值正负交替，这说明能量在外施电源与一端口网络之间来回交换。

7.9.2 有功功率和无功功率

瞬时功率的实际意义不大，而且不便于测量。通常引用平均功率的概念。平均功率又称有功功率，是指瞬时功率在一个周期$\left(T=\dfrac{1}{f}=\dfrac{2\pi}{\omega}\right)$内的平均值，用大写字母$P$表示，即

$$P=\frac{1}{T}\int_0^T p\,\mathrm{d}t=\frac{1}{T}\int_0^T UI[\cos\varphi+\cos(2\omega t+\phi_u+\phi_i)]\mathrm{d}t=UI\cos\varphi$$

有功功率代表一端口网络实际消耗的功率，它就是式(7-38)的恒定分量。它不仅与电压、电流有效值的乘积有关，而且还与它们之间的相位差有关。上式中，$\cos\varphi$称为功率因数，并用λ表示，即$\lambda=\cos\varphi$。

在工程上还引入了无功功率的概念，用大写字母Q表示，其定义为

$$Q=UI\sin\varphi$$

从式(7-39)可见，它与瞬时功率的可逆部分有关。

7.9.3 视在功率

许多电力设备的容量是由其额定电流和额定电压的乘积决定的，为此引进了视在功率的概念，用大写字母S表示，视在功率的定义为

$$S=UI$$

即视在功率为电路中电压、电流的有效值的乘积。

有功功率、无功功率和视在功率都具有功率的量纲，为便于区分，有功功率的单位为 W，无功功率的单位为 var(乏，即无功伏安)，视在功率的单位为 V·A(伏安)。

如果一端口网络 N 分别为 R、L、C 单个元件，则从式(7-39)可以求得其瞬时功率、有功功率、无功功率。

对于电阻元件 R，因为 $\varphi=\phi_u-\phi_i=0$，所以瞬时功率为

$$p=UI[1+\cos2(\omega t+\phi_u)]$$

由于$-1\leqslant\cos[2(\omega t+\phi_u)]\leqslant1$，所以 $p\geqslant0$，这说明电阻元件始终是吸收能量的，是耗能元件。

平均功率为

$$P_R=UI=I^2R=GU^2$$

P_R 表示电阻所消耗的功率。电阻的无功功率为零。

对于电感元件 L，有 $\varphi=\dfrac{\pi}{2}$，瞬时功率为

$$p=UI\sin\varphi\sin[2(\omega t+\phi_u)]$$

其平均功率为零，所以不消耗能量，但 p 正负交替变化，说明有能量的来回交换。电感的无功

功率为

$$Q_L = UI\sin\varphi = UI = \omega L I^2 = \frac{U^2}{\omega L}$$

对于电容元件 C，有 $\varphi = -\dfrac{\pi}{2}$，瞬时功率为

$$p = UI\sin\varphi\sin[2(\omega t + \phi_u)] = -UI\sin[2(\omega t + \phi_u)]$$

其平均功率为零，所以电容也不消耗能量，但 p 正负交替变化，说明有能量的来回交换。电容的无功功率为

$$Q_C = -UI = -\frac{1}{\omega C}I^2 = -\omega C U^2$$

有功功率 P、无功功率 Q 和视在功率 S 之间存在以下关系：

$$P = S\cos\varphi, \quad Q = S\sin\varphi$$

即

$$S^2 = P^2 + Q^2$$

或

$$S = \sqrt{P^2 + Q^2}, \quad \varphi = \arctan\left(\frac{Q}{P}\right)$$

例 7-14　已知一阻抗 Z 上的电压、电流分别为 $\dot{U} = 220\angle -30°$ V，$\dot{I} = 10\angle 30°$ A（电压和电流的参考方向一致），求 Z、$\cos\varphi$、P、Q、S。

解

$$Z = \frac{\dot{U}}{\dot{I}} = \frac{220\angle -30°}{10\angle 30°}\ \Omega = 22\angle -60°\ \Omega$$

$$\cos\varphi = \cos(-60°) = \frac{1}{2}$$

$$P = UI\cos\varphi = 220 \times 10 \times \frac{1}{2}\ W = 1100\ W$$

$$Q = UI\sin\varphi = 220 \times 10 \times \frac{\sqrt{3}}{2}\ var = 1100\sqrt{3}\ var$$

$$S = \sqrt{P^2 + Q^2} = 2200\ V\cdot A$$

例 7-15　用图 7-20 所示的三表法测量一个线圈的参数，测得如下数据：电压表的读数为 15 V，电流表的读数为 1.5 A，功率表的读数为 18 W，试求该线圈的参数 R 和 L（电源频率为 50 Hz）。

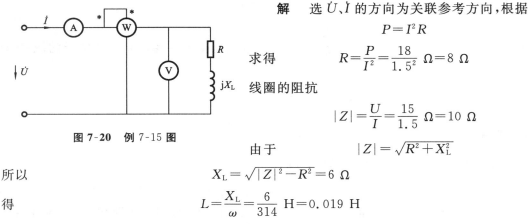

图 7-20　例 7-15 图

解　选 $\dot{U}$、$\dot{I}$ 的方向为关联参考方向，根据

$$P = I^2 R$$

求得

$$R = \frac{P}{I^2} = \frac{18}{1.5^2}\ \Omega = 8\ \Omega$$

线圈的阻抗

$$|Z| = \frac{U}{I} = \frac{15}{1.5}\ \Omega = 10\ \Omega$$

由于

$$|Z| = \sqrt{R^2 + X_L^2}$$

所以

$$X_L = \sqrt{|Z|^2 - R^2} = 6\ \Omega$$

得

$$L = \frac{X_L}{\omega} = \frac{6}{314}\ H = 0.019\ H$$

7.10 复功率

复功率是为了用电压相量和电流相量来计算正弦稳态电路的功率而引入的概念。它只是计算用的一个复数,并不表示某个正弦量。设某一端口的电压相量为 $\dot{U}$,电流相量为 $\dot{I}$,则复功率 $\bar{S}$ 的定义式为

$$\bar{S}=\dot{U}\dot{I}^*=UI\angle\phi_u-\phi_i=UI\cos\varphi+\mathrm{j}UI\sin\varphi$$

其是电压相量 $\dot{U}$ 与电流相量 $\dot{I}$ 的共轭复数 $\dot{I}^*$ 的乘积,实部为有功功率,虚部为无功功率。复功率的吸收和发出同样可根据端口电压和电流的参考方向来判断,对于任意一端口网络、支路或元器件,若其上电压和电流参考方向为关联参考方向,则计算所得的复功率,其实部为吸收的有功功率,虚部为吸收的无功功率;若参考方向为非关联参考方向,则分别为发出的有功功率和无功功率。如果吸收或发出的有功功率或无功功率为负值,则实际上是发出或吸收了一个正的有功功率或正的无功功率。

例 7-16 如图 7-21 所示电路中 $u_s=141.4\cos(314t-30°)$ V,$R_1=3\ \Omega$,$R_2=2\ \Omega$,$L=9.55$ mH。计算电源所发出的复功率。

解 已知:$u_s=141.4\cos(314t-30°)$ V,写成相量形式为

$$\dot{U}_s=100\angle-30°\text{ V}$$

由 KVL,有

$$\dot{U}_s=\dot{I}(R_1+R_2+\mathrm{j}\omega L)=\dot{I}(3+2+\mathrm{j}\times314\times9.55\times10^{-3})$$
$$=\dot{I}(5+\mathrm{j}3)$$

故

$$\dot{I}=\frac{100}{5+\mathrm{j}3}=17.15\angle-60.96°\text{ V}$$

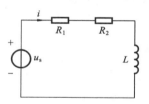

图 7-21 例 7-16 图

所以,电源的复功率为

$$S=\dot{U}_s\dot{I}^*=(100\angle-30°\times17.15\angle60.96°)\text{ V}\cdot\text{A}=1715\angle30.96°\text{ V}\cdot\text{A}$$
$$=(1470.6+\mathrm{j}882.3)\text{ V}\cdot\text{A}$$

例 7-17 如图 7-22 所示为一日光灯装置等效电路,已知 $P=40$ W,$U=220$ V,$U_R=110$ V,$f=50$ Hz,求:

(1) 日光灯的电流及功率因数;

(2) 若要把功率因数提高到 0.9,则需要并联的电容器的容量 C 是多少?

(3) 并联电容前后电源提供的电流有效值各是多少?

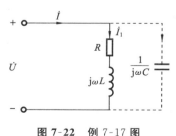

图 7-22 例 7-17 图

解 (1) 通过日光灯灯管的电流为

$$I_1=\frac{P}{U_R}=\frac{40}{110}\text{ A}=0.364\text{ A}$$

日光灯的功率因数为

$$\cos\varphi_1=\frac{U_R}{U}=\frac{110}{220}=0.5$$

(2) 由 $\cos\varphi_1=0.5$,得

$$\varphi_1=60°,\quad\tan\varphi_1=1.73$$

由 $\cos\varphi_2=0.9$，得

$$\varphi_2=26°,\quad \tan\varphi_2=0.488$$

若要将功率因数提高到 $\cos\varphi_2=0.9$，则需要并联的电容器的容量为

$$C=\frac{P}{\omega U^2}(\tan\varphi_1-\tan\varphi_2)=\frac{40}{2\times3.14\times50\times220^2}(1.73-0.488)\ \text{F}=3.30\ \mu\text{F}$$

（3）未并联电容前，流过日光灯灯管的电流就是电源提供的电流：

$$I_1=0.364\ \text{A}$$

并联电容后，电源提供的电流将减小为

$$I=\frac{P}{U\cos\varphi_2}=\frac{40}{220\times0.9}\ \text{A}=0.202\ \text{A}$$

7.11 最大功率传输定理

在工程中，有时需要分析如何使负载获得最大功率，即最大功率传输问题。图 7-23(a)所示电路为含源一端口网络 N_s 向终端负载 Z 传输功率，当传输的功率较小（如通信系统、电子电路），而不必计算传输效率时，常常要研究使负载获得最大（有功）功率的条件。

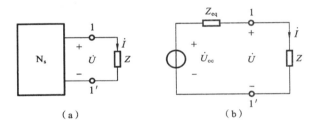

图 7-23 最大功率传输

根据戴维南定理，该问题可以简化为图 7-23(b)所示等效电路进行研究。设 $Z_{eq}=R_{eq}+jX_{eq}$，$Z=R+jX$，则负载吸收的有功功率为

$$P=\frac{U_{oc}^2R}{(R+R_{eq})^2+(X_{eq}+X)^2} \tag{7-40}$$

如果 R 和 X 可以任意变动，而其他参数不变，则获得最大功率的条件为式(7-40)分母中的无功功率部分等于 0，即

$$X_{eq}+X=0 \tag{7-41}$$

使用微分求最大值的方法，对式(7-40)求导并使其等于零，有

$$\frac{dP}{dR}=\frac{d}{dR}\left[\frac{U_{oc}^2R}{(R+R_{eq})^2}\right]=0 \tag{7-42}$$

解得

$$X=-X_{eq}$$
$$R=R_{eq} \tag{7-43}$$

即有
$$Z=R+jX=R_{eq}-jX_{eq}=Z_{eq}^*$$

此时获得的最大功率为

$$P_{\max} = \frac{U_{oc}^2}{4R_{eq}} \tag{7-44}$$

其他可变情况在此不一一列举。当用诺顿等效电路时,获得最大功率的条件可表示为

$$Y = Y_{eq}^* \tag{7-45}$$

上述获得最大功率的条件称为最佳匹配。

例 7-18 在图 7-24(a)所示的电路中,已知 $R_1 = R_2 = 30 \ \Omega$, $X_L = X_C = 40 \ \Omega$, $U_s = 100 \ \text{V}$。求负载 Z 的最佳匹配值及获得的最大功率。

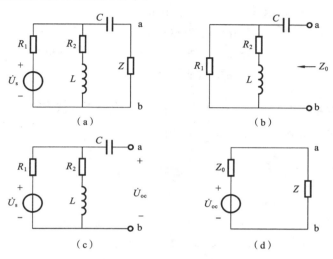

图 7-24 例 7-18 图

解 先求去掉负载后所余网络的戴维南等效参数,如图 7-24(b)、(c)所示。由图可求得

$$Z_0 = \frac{R_1(R_2 + jX_L)}{R_1 + R_2 + jX_L} - jX_C = (19.6 - j33.1) \ \Omega = 38.5\angle -59.4° \ \Omega$$

令 $\dot{U}_s = 100\angle 0° \ \text{V}$,由图 7-24(c)可求得

$$\dot{U}_{oc} = \frac{R_2 + jX_L}{R_1 + R_2 + jX_L}\dot{U}_s = 69.35\angle 19.4° \ \text{V}$$

负载的最佳匹配值为

$$Z = Z_0^* = (19.6 + j33.1) \ \Omega$$

可获得的最大功率为

$$P_{\max} = \frac{U_{oc}^2}{4R_0} = \frac{69.35^2}{4 \times 19.6} \ \text{W} = 61.34 \ \text{W}$$

7.12 串联谐振电路

如前所述,当 RLC 串联或并联时,其等效阻抗或导纳可以是电感性的,也可以是电容性的,还可以是电阻性的。对于后一种情况,整个电路中的电压和电流是同相位的,感抗等于容抗,互相抵消,电路呈电阻性,这种现象称为谐振现象,简称谐振。谐振现象是正弦交流电路中的一种特殊现象,它在无线电和电工技术中得到了广泛的应用。例如收音机和电视机就是利

用谐振电路的特性来选择所需的接收信号,并且抑制其他的干扰信号。但是在电力系统中,谐振会引起过电压或强电流现象,从而破坏系统的正常工作状态。所以,研究电路的谐振现象具有重要的实际意义。一方面谐振现象可以得到广泛的应用,但另一方面,在某些情况下电路中发生谐振会破坏正常工作状态。

7.12.1　串联谐振电路的谐振特性

图 7-25 所示为由 RLC 组成的串联电路,在正弦电压 $u=\sqrt{2}U\cos(\omega t+\phi_u)$ 激励下,电路的

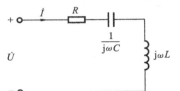

图 7-25　串联谐振电路

工作状况将随频率的变动而变动,这是由于感抗和容抗随频率变动而变化所造成的。首先分析该电路的复阻抗随频率变化而变化的特性,有

$$Z(\mathrm{j}\omega)=R+\mathrm{j}\left(\omega L-\frac{1}{\omega C}\right) \tag{7-46}$$

根据谐振的定义可知,当 $\omega L-\frac{1}{\omega C}=0$ 时,电抗部分为零,

电路相当于"纯电阻"电路,其总电压和总电流同相。即当 $\omega_0=\dfrac{1}{\sqrt{LC}}$,$f_0=\dfrac{1}{2\pi}\dfrac{1}{\sqrt{LC}}$ 时,串联电路发生谐振。

由式(7-46)可知,串联电路的谐振频率 f_0 与电阻 R 无关,它反映了串联电路的一种固有性质,所以又称为固有频率;ω_0 称为固有角频率。

串联谐振频率只有一个,是由串联电路中的 L、C 参数决定的,而与串联电阻 R 无关。改变电路中的 L 和 C 都能改变电路的固有频率,使电路在某一频率下发生谐振,或者避免谐振。这种串联谐振也会在电路中某一条含 L 和 C 串联的支路中发生。

谐振时阻抗为最小值

$$Z(\mathrm{j}\omega_0)=R+\mathrm{j}\left(\omega_0 L-\frac{1}{\omega_0 C}\right)=R \tag{7-47}$$

在输入电压有效值 U 不变的情况下,由于谐振时,$|Z|=R$,为最小值,所以电流 I 达到最大值,其最大值为

$$I=\frac{U}{|Z|}=\frac{U}{R}$$

且与外加电源电压同相。

电阻上的电压也达到了最大值,且与外施电压相等,即

$$U_R=RI=U$$

谐振时,还有 $\dot{U}_L+\dot{U}_C=0$(所以串联谐振又称为电压谐振),而

$$\dot{U}_L=\mathrm{j}\omega_0 L\dot{I}=\mathrm{j}\frac{\omega_0 L}{R}\dot{U}=\mathrm{j}Q\dot{U}$$
$$\dot{U}_C=-\mathrm{j}\frac{1}{\omega_0 C}\dot{I}=-\mathrm{j}\frac{1}{\omega_0 CR}\dot{U}=-\mathrm{j}Q\dot{U} \tag{7-48}$$

式中:

$$Q=\frac{\omega_0 L}{R}=\frac{1}{\omega_0 CR}=\frac{1}{R}\sqrt{\frac{L}{C}} \tag{7-49}$$

称为串联谐振电路的品质因数。

如果 $Q>1$，则有 $U_L=U_C\geqslant U$，$Q\gg 1$，表明在谐振时或接近谐振时，会在电感和电容两端出现大大高于外施电压 U 的高电压，称为过电压现象，往往会造成元器件的损坏。但谐振时 L 和 C 两端的等效阻抗为零（相当于短路）。

7.12.2 串联谐振电路的功率

谐振时，电路的无功功率为零，这是由于阻抗值 $\varphi(\omega_0)=0$，所以电路的功率因数为

$$\lambda=\cos\varphi=1$$

$$P(\omega_0)=UI\lambda=UI=\frac{1}{2}U_m I_m \tag{7-50}$$

$$Q_L(\omega_0)=\omega_0 L I^2,\quad Q_C(\omega_0)=-\frac{1}{\omega_0 C}I^2 \tag{7-51}$$

谐振时电路不从外部吸收无功功率，但 L 和 C 的无功功率并不为零，而 $Q_L+Q_C=0$，它们之间进行着完全的能量交换，总能量为

$$W(\omega_0)=\frac{1}{2}Li^2+\frac{1}{2}Cu_C^2 \tag{7-52}$$

而谐振时有

$$i=\sqrt{2}\frac{U}{R}\cos(\omega_0 t),\quad u_C=\sqrt{2}QU\sin(\omega_0 t)$$

并有

$$Q^2=\frac{1}{R^2}\frac{L}{C}$$

将上述量代入式（7-52），有

$$W(\omega_0)=\frac{L}{R^2}U^2\cos^2(\omega_0 t)+CQ^2 U^2\sin^2(\omega_0 t)$$

$$=CQ^2 U^2=\frac{1}{2}CQ^2 U_m^2=常量 \tag{7-53}$$

另外，还可以得出

$$Q=\omega_0 W(\omega_0)/P(\omega_0)$$

串联电阻的大小虽然不影响串联谐振电路的固有频率，但其具有控制和调节发生谐振时电路的电流和电压幅度的作用。

7.12.3 串联谐振电路的频率特性

引入

$$\eta=\frac{\omega}{\omega_0} \tag{7-54}$$

为频率的归一化量，表示频率 ω 对 ω_0 的相对变化（也称为归一化频率）。将式（7-54）代入式（7-47）得到串联谐振电路的阻抗为

$$Z(j\omega)=R+j\left(\omega L-\frac{1}{\omega C}\right)=R\left[1+jQ\left(\eta-\frac{1}{\eta}\right)\right]=Z(\eta) \tag{7-55}$$

使用归一化量 η 后，电路中的电流为

$$I(\eta)=\frac{U}{|Z|}=\frac{U}{R\sqrt{1+Q^2\left(\eta-\frac{1}{\eta}\right)^2}}=\frac{I_0}{\sqrt{1+Q^2\left(\eta-\frac{1}{\eta}\right)^2}} \tag{7-56}$$

它与谐振时的电流 $I_0=\frac{U}{R}$ 之比（归一化电流）为

$$\frac{I(\eta)}{I_0} = \frac{1}{\sqrt{1 + Q^2 \left(\eta - \frac{1}{\eta}\right)^2}} \tag{7-57}$$

同样可求得电阻电压 U_R 与电路总电压 U 之比（归一化电压）为

$$\frac{U_R(\eta)}{U} = \frac{\frac{U}{|Z|}R}{U} = \frac{R}{|Z|} = \frac{1}{\sqrt{1 + Q^2 \left(\eta - \frac{1}{\eta}\right)^2}} \tag{7-58}$$

由式(7-54)至式(7-58)可知，电路中的阻抗、电流和电压都与频率有关，都是关于频率 ω 的函数，即电路中的量具有随频率变化而变化的特性——电路的频率（响应）特性。描述电路频率特性曲线的图称为电路的频率（响应）特性图。

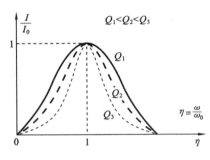

图 7-26　串联谐振电路的频率特性图

η 根据式(7-57)可作出串联谐振电路的频率特性曲线（也称谐振曲线图），如图 7-26 所示。

由图 7-26 可见，在同一坐标 η 下，Q 值不同，谐振曲线的形状也不同。Q 值越大，曲线就越尖锐。谐振($\eta = 1$)时，曲线达到峰值，即输出电流 I 达到最大值，一旦偏离谐振点($\eta < 1, \eta > 1$)，输出就下降，Q 值越大，曲线越尖锐，输出下降得也就越快，这说明谐振电路对谐振频率的输出具有选择性，对非谐振频率的输出具有较强的抑制能力。由于谐振时，电流输出最大，所以串联谐振电路又称电流谐振电路。

例 7-19　收音机的输入电路（调谐电路）由磁性天线电感 $L = 500\ \mu H$，与(20～270) pF 的可变电容器串联而成。求对 560 kHz 和 990 kHz 的电台信号谐振时的电容值。

解　由

$$f_0 = \frac{1}{2\pi \sqrt{LC}}$$

可知：(1) 当 $f_0 = f_s = 560000$ Hz 时，有

$$C = \frac{1}{4\pi^2 f_0^2 L} = \frac{1}{4 \times 3.14^2 \times (5.6 \times 10^5)^2 \times 500 \times 10^{-6}}\ \text{F} = 161.1\ \text{pF}$$

(2) 当 $f_0 = f_s = 990000$ Hz 时，有

$$C = \frac{1}{4\pi^2 f_0^2 L} = \frac{1}{4 \times 3.14^2 \times (9.9 \times 10^5)^2 \times 500 \times 10^{-6}}\ \text{F} = 51.7\ \text{pF}$$

7.13　并联谐振电路

图 7-27 所示为 GLC 并联电路，是另一种典型的谐振电路，分析方法与 RLC 串联谐振电路相同（具有对偶性）。

并联谐振的定义与串联谐振的定义相同，即端口电压 $\dot{U}$ 与输入电流 $\dot{I}$ 同相时的工作状况称为谐振。由于发生在并联电路中，所以称为并联谐振。发生并联谐振的条件为

$$\text{Im}[Y(j\omega_0)] = 0$$

因为

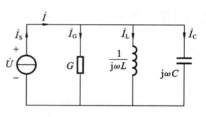

$$Y(j\omega_0) = G + j\left(\omega_0 C - \frac{1}{\omega_0 L}\right)$$

可解得谐振时的角频率 ω_0 和频率 f_0 分别为

$$\omega_0 = \frac{1}{\sqrt{LC}}$$

$$f_0 = \frac{1}{2\pi\sqrt{LC}}$$

图 7-27   并联谐振电路

以上两种频率称为电路的固有频率。

并联谐振时,输入导纳 $Y(j\omega_0)$ 为最小值,即

$$Y(j\omega_0) = G + j\left(\omega_0 C - \frac{1}{\omega_0 L}\right) = G$$

或者说输入阻抗最大,即 $Z(j\omega_0) = R$

谐振时端电压达到最大值,即

$$U(\omega_0) = |Z(j\omega_0)| I_s = R I_s$$

所以并联谐振又称电压谐振,根据这一现象可以判别并联电路是否谐振。

并联谐振时,有 $\dot{I}_L + \dot{I}_C = 0$

$$\dot{I}_L(\omega_0) = -j\frac{1}{\omega_0 L}\dot{U} = -j\frac{1}{\omega_0 LG}\dot{I}_s = -jQ\dot{I}_s$$

$$\dot{I}_C(\omega_0) = j\omega_0 C\dot{U} = j\frac{\omega_0 C}{G}\dot{I}_s = jQ\dot{I}_s$$

式中:Q 为并联谐振电路的品质因数,

$$Q = \frac{1}{\omega_0 LG} = \frac{\omega_0 C}{G} = \frac{1}{G}\sqrt{\frac{C}{L}}$$

如果 $Q \gg 1$,则谐振时在电感和电容中会出现过电流,但从 L、C 两端看进去的等效电纳等于零,即阻抗为无限大,相当于开路。

谐振时无功功率为

$$Q_L(\omega_0) = \frac{1}{\omega_0 L}U^2, \quad Q_C(\omega_0) = -\omega_0 CU^2$$

谐振时电路不从外部吸收无功功率,但 L 和 C 的无功功率并不为零,而 $Q_L + Q_C = 0$,它们之间进行着完全的能量交换,总能量为

$$W(\omega_0) = W_L(\omega_0) + W_C(\omega_0) = LQ^2 I_s^2 = 常数$$

在工程中采用的是由电感线圈和电容并联的谐振电路,如图 7-28 所示。其中电感线圈由 R 和 L 的串联组合来表示。

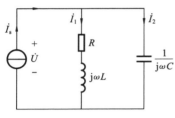

由前面的讨论可知,电路的导纳为

$$Y = \frac{1}{R + j\omega L} + j\omega C = \frac{R}{R^2 + (\omega L)^2} + j\left[\omega C - \frac{\omega L}{R^2 + (\omega L)^2}\right]$$

按谐振的定义,在谐振时电压与电流同相位,所以 Y 的虚部为零,由此可得到发生谐振的条件为

$$\omega C = \frac{\omega L}{R^2 + (\omega L)^2}$$

图 7-28   一种并联谐振电路

上式可解出并联谐振时的角频率为

$$\omega_0 = \frac{1}{\sqrt{LC}}\sqrt{1 - \frac{CR^2}{L}}$$

一般来说，电感线圈的电阻 R 都很小，在工作频率范围内远小于感抗 $X_L = \omega L$，谐振时 $R \ll \omega_0 L$，即得谐振条件为

$$\omega C \approx \frac{1}{\omega L}$$

在此条件下，谐振角频率为

$$\omega_0 \approx \frac{1}{\sqrt{LC}}$$

谐振频率为

$$f_0 \approx \frac{1}{2\pi} \frac{1}{\sqrt{LC}}$$

与串联谐振条件一样。

并联谐振与串联谐振具有类似的频率（响应）特性图（只需要将图 7-26 所示的纵坐标用归一化电压量 $\dfrac{U}{U_0}$ 替代即可，谐振电压为 $U_0 = RI_s$）。在此不一一赘述。

习　　题

1. 已知：$i_1(t) = 5\cos(314t + 60°)$ A，$i_2(t) = -10\sin(314t + 60°)$ A，$i_3(t) = -4\cos(314t + 60°)$ A。

试写出代表这三个正弦电流的相量，并绘出相量图。

2. 已知 $\dot{U}_1 = 50\angle{-30°}$ V，$\dot{U}_2 = 220\angle{150°}$ V，$f = 50$ Hz，试写出它们所代表的正弦电压。

3. 已知某电路的 $u_{ab} = -10\cos(\omega t + 60°)$ V，$u_{bc} = 8\sin(\omega t + 120°)$ V，求 u_{ac}。

4. 电感 L 两端的电压为 $u(t) = 8\sqrt{2}\cos(\omega t - 50°)$ V，$\omega = 100$ rad/s，$L = 4$ H，求流过电感的电流 $i(t)$。

5. 若已知两个同频正弦电压的相量分别为 $\dot{U}_1 = 50\angle{30°}$ V，$\dot{U}_2 = -100\angle{-150°}$ V，其频率为 $f = 100$ Hz。求：(1) 写出 u_1、u_2 的时域形式；(2) 求 u_1、u_2 的相位差。

6. 已知如图题 6 所示的三个电压源的电压分别为

$$u_a = 220\sqrt{2}\cos(\omega t + 10°)\ \text{V}$$

$$u_b = 220\sqrt{2}\cos(\omega t - 110°)\ \text{V}$$

$$u_c = 220\sqrt{2}\cos(\omega t + 130°)\ \text{V}$$

求：(1) 三个电压的和；

(2) u_{ab}，u_{bc}；

(3) 画出它们的相量图。

7. 如图题 7 所示的正弦稳态电路中，电流表 A_1、A_2 的指示均为有效值，A_1 的读数为 10 A，A_2 的读数为 10 A，求电流表 A 的读数。

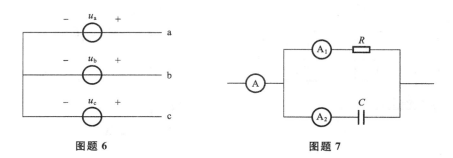

图题 6   图题 7

8. 某一元件的电压、电流(关联方向)分别为下述这 3 种情况,它可能是什么元件?

(1) $\begin{cases} u = 10\cos(10t + 45°) \text{ V} \\ i = 2\sin(10t + 135°) \text{ A} \end{cases}$

(2) $\begin{cases} u = 10\sin(100t) \text{ V} \\ i = 2\cos(100t) \text{ A} \end{cases}$

(3) $\begin{cases} u = 10\cos(314t + 45°) \text{ V} \\ i = 2\sin(314t) \text{ A} \end{cases}$

9. 电路由电压源 $u_s = 100\cos(10^3 t)$ V、R 以及 $L = 0.025$ H 串联组成,电感端电压的有效值为 25 V。求 R 和电流的表达式。

10. 试求图题 10 所示各电路的输入阻抗 Z 和导纳 Y。

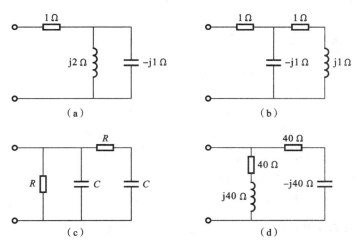

图题 10

11. 已知图题 11 所示电路中 $u = 50\sin\left(10t + \dfrac{\pi}{4}\right)$ V,$i = 400\cos\left(10t + \dfrac{\pi}{6}\right)$ A。试求电路中合适的元件值(等效)。

12. 已知图题 12 所示电路中 $\dot{I} = 2\angle 0°$ A,求电压 $\dot{U}_s$,并作出电路的相量图。

13. 在图题 13 所示电路中,$I_2 = 10$ A,$U_s = \dfrac{10}{\sqrt{2}}$ V,求电流 $\dot{I}$ 和电压 $\dot{U}_s$,并画出电路的相量图。

14. 图题 14 所示电路中 $i_s = 14\sqrt{2}\cos(\omega t + \varphi)$ mA,调节电容,使电压 $\dot{U} = U\angle\varphi$,电流表 A_1 的读数为 50 mA。求电流表 A 的读数。

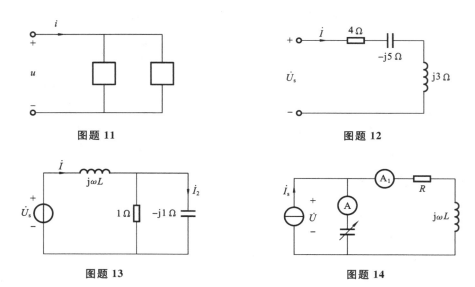

图题 11　　　　　　　　　　　　图题 12

图题 13　　　　　　　　　　　　图题 14

15. 已知图题 15 所示电路中 $U=8$ V，$Z=(1-j0.5)$ Ω，$Z_1=(1+j1)$ Ω，$Z_2=(3-j1)$ Ω。求各支路电流和电路的输入导纳，并画出电路的相量图。

16. 已知图题 16 所示电路中，$U=100$ V，$U_C=100\sqrt{3}$ V，$X_C=-100\sqrt{3}$ Ω，阻抗 Z_x 的阻抗角 $|\varphi_x|=60°$。求 Z_x 和电路的输入阻抗。

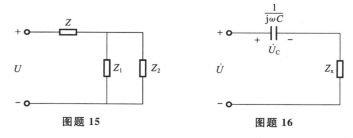

图题 15　　　　　　　　　　　　图题 16

17. 图题 17 所示电路中 $i_s=\sqrt{2}\cos(10^4 t)$ A，$Z_1=(10+j50)$ Ω，$Z_2=-j50$ Ω。求 Z_1、Z_2 吸收的复功率，并验证整个电路复功率守恒，即 $\Sigma \overline{S}=0$。

18. 图题 18 所示电路中 $I_s=10$ A，$\omega=1000$ rad/s，$R_1=10$ Ω，$j\omega L_1=j25$ Ω，$R_2=5$ Ω$-$ $j\dfrac{1}{\omega C_2}=-j15$ Ω。求各支路吸收的复功率和电路的功率因数。

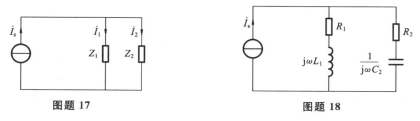

图题 17　　　　　　　　　　　　图题 18

19. 图题 19 所示电路中 $R=2$ Ω，$\omega L=3$ Ω，$\omega C=2$ S，$\dot{U}_C=10\angle 45°$。求各元件的电压、电流和电源发出的复功率。

20. 求图题 20 所示电路中的谐振频率。

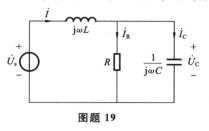

图题 19

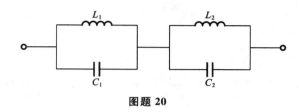

图题 20

实验七 正弦稳态交流电路仿真实验

实验目的：

（1）分析和验证欧姆定律的相量形式和相量法。

（2）分析和验证基尔霍夫定律的相量形式和相量法。

1. 正弦稳态交流电路仿真实验

（1）在线性电路中，当电路的激励源是正弦电流（或电压）时，电路的响应也是同频的正弦相量，称为正弦稳态电路。正弦稳态电路中的 KCL 和 KVL 适用于所有的瞬时值和相量形式。

（2）KCL 的相量形式为具有相同频率的正弦电流电路中的任一节点，流出该节点的全部支路电流相量的代数和等于零。

（3）KVL 的相量形式为具有相同频率的正弦电流电路中的任一回路，沿该回路的全部支路电压相量的代数和等于零。

2. 实验内容

（1）欧姆定律相量形式仿真。

在 Multisim 10 中，搭建如实验图 7-1 所示的正弦稳态交流实验电路图。首先对该电路进行理论分析，由相量法和欧姆定律的相量形式可知：

$$Z_L = j\omega L = j314 \times 100 \times 10^{-3} \ \Omega = j31.4 \ \Omega$$

$$Z_C = -j\frac{1}{\omega C} = -j\frac{1}{314 \times 100 \times 10^{-6}} \ \Omega \approx -j318.5 \ \Omega$$

$$Z = R + j\left(\omega L - \frac{1}{\omega C}\right) \approx 1040.4 \angle -16° \ \Omega$$

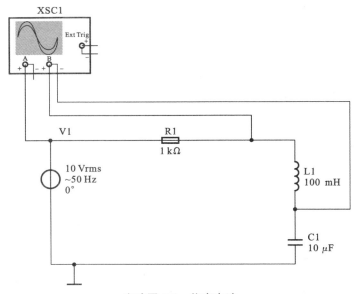

实验图 7-1 仿真电路

$$\dot{I}=\frac{\dot{V}}{Z}\approx\frac{10}{1040.4\angle-16°}\ \text{A}\approx9.61\angle16°\ \text{mA}$$

$$V_{\text{Lm}}=\sqrt{2}IZ_{\text{L}}\approx0.43\ \text{V}$$

$$V_{\text{Cm}}=\sqrt{2}IZ_{\text{C}}\approx4.33\ \text{V}$$

实验过程利用 Multisim 10 实现,根据下列步骤依次将仿真数据记录到表格中,并与理论值进行比较分析。

① 打开仿真开关,用示波器进行仿真测量,分别测量电阻 R、电感 L、电容 C 两端的电压幅值,并用电流表测出电路电流,将数据记录于实验表 7-1 中。

② 改变电路参数进行测试。电路元器件 R、L 和 C 参数不变,电源电压有效值不变,使其频率分别为 $f=25\ \text{Hz}$ 和 $f=1\ \text{kHz}$。参照①仿真测试方法,分别对参数改变后的电路进行相同内容的仿真测试,将所测数据记录于实验表 7-1 中。

③ 将三次测试的数据进行整理记录,分析比较电路的电源频率参数变化对电路特性的影响,研究、分析和验证欧姆定律相量形式和相量法。

实验表 7-1　欧姆定律相量形式仿真数据

	V_{Rm}/V	V_{Lm}/V	V_{Cm}/V	I/mA
理论计算值	13.59	0.43	4.33	9.61
仿真值($f=50\ \text{Hz}$)	13.59	0.43	4.33	9.61
理论计算值	12.01	0.19	7.67	8.50
仿真值($f=25\ \text{Hz}$)	12.01	0.19	7.67	8.50
理论计算值	12.05	0.19	7.57	8.53
仿真值($f=1\ \text{kHz}$)	12.05	0.19	7.57	8.53

（2）KVL 相量形式仿真。

① 在 Multisim 10 中建立如实验图 7-2 所示的仿真电路图。打开仿真开关,用并联在各元器件两端的电压表进行仿真测量,分别测出电阻 R、电感 L、电容 C 两端的电压值。用串联在电路中的电流表测出电路中的电流 I,将所测数据记录在实验表 7-2 中。

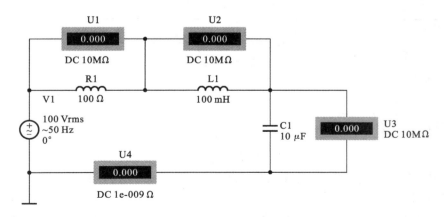

实验图 7-2　仿真电路

实验表 7-2　KVL 相量形式仿真数据表

	V_R/V	V_L/V	V_C/V	I/A
理论值	104.77	10.34	32.91	0.33
仿真值	104.77	10.34	32.91	0.33
理论值（修改后）	0.03	1.63	100.00	0.10
仿真值（修改后）	0.03	1.64	100.00	0.10

② 改变电路参数进行测试。电路元件 $R=300\ \Omega$、$L=50\ mH$ 和 $C=3300\ pF$，使电源电压参数不变，参照①仿真测试方法，对参数改变后的电路进行相同内容的仿真测试，将所测数据记录于实验表 7-2 中。

③ 将两次测试的数据进行整理记录，分析比较电路的参数变化对电路特性的影响，研究、分析和验证 KVL 相量形式和相量法。

（3）KCL 相量形式仿真。

① 在 Multisim 10 中建立如实验图 7-3 所示仿真电路图。打开仿真开关，用并联在各元件两端的电流表进行仿真测量，分别测出电阻 R、电感 L、电容 C 支路中的电流值，以及电源支路中流过的电流 I，记录数据于实验表 7-3 中。

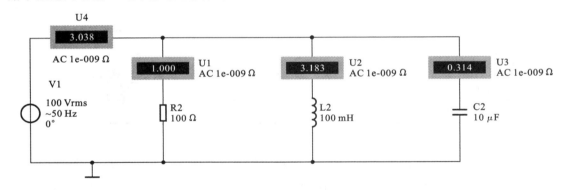

实验图 7-3　仿真电路

实验表 7-3　KCL 相量形式仿真数据表

	I_R/V	I_L/V	I_C/V	I/A
理论值	1.00	3.18	0.31	3.04
仿真值	1.00	3.18	0.31	3.04
理论值（修改后）	0.33	6.37	0.10	6.37
仿真值（修改后）	0.33	6.37	0.10	6.38

② 改变电路参数进行测试。电路元件 $R=300\ \Omega$、$L=50\ mH$ 和 $C=3300\ pF$，使电源电压参数不变，参照①仿真测试方法，对参数改变后的电路进行相同内容的仿真测试，将所测数据记录于实验表 7-3 中。

③ 将两次测试的数据进行整理记录，分析比较电路参数变化对电路特性的影响，研究、分析和验证 KCL 相量形式和相量法。

第 8 章　二端口网络

二端口网络理论是分析电路的理论之一。任何电路都可看成是一个"大"网络 N，根据需要可将其划分为若干"小"网络，图 8-1 所示的为一种常见的划分。图中 N_1、N_2 称为单口网络，N 是对外具有两个端口的网络，称为二端口网络或双口网络，简称双口。

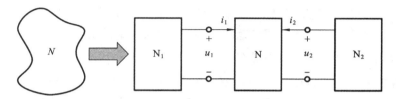

图 8-1　网络的划分

工程中，各个子网络往往根据其在整个电路中所起的作用而进行划分。有些子网络本身就是不可分割的整体，如图 8-2 所示，图中 N_1、N_2 分别为信号源网络和负载网络，而 N 则为放大电路部分。来自 N_1 的信号经 N 放大后传送给 N_2。二端口网络的一个端口是信号源的输入端口，而另一端口则为处理后的信号输出端口。习惯上称输入端口为端口 1，输出端口为端口 2。当然，N_1、N_2 可能是非线性电阻网络或动态网络，而 N 则可能是含源线性电阻网络。也有可能 N_1、N_2 是线性的，而 N 是非线性的。

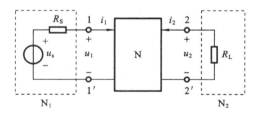

图 8-2　放大网络

如果不关心二端口网络内部电路结构而仅注重外电路对网络的影响，即对二端口网络的端口电压、电流分析是主要的，甚至是唯一的，则二端口网络理论在分析计算电路时显示出了极大的方便与简捷。二端口网络理论的数学基础是线性代数的矩阵理论。二端口网络理论在后续课程如"低频模拟电路""高频电路"等中具有重要应用，同时也常用于电路理论的探讨和基本定理的推导中。

8.1　z 参数与 y 参数网络

二端口网络可以用图 8-3 所示方框图来表示。端口由一对端钮组成，流入其中一个端钮

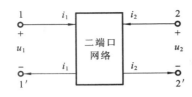

图 8-3 二端口网络的变量

的电流总是等于流出另一个端钮的电流。图中端钮 1、1′ 构成输入端口,称为端口 1,其端口电流为 i_1;端钮 2、2′ 构成输出端口,称为端口 2,其端口电流为 i_2。二端口网络的每个端口只有一个电流变量和一个电压变量,于是二端口网络的四个端口变量可记为 u_1、i_1 和 u_2、i_2。以下讨论均假定每一端口的电压、电流参考方向一致,并假定二端口网络是线性的,其中可以含有独立电源。

8.1.1 z 参数网络

为了方便建立和讨论正弦稳态时二端口网络四个端口变量之间的关系,一般用相量表示端口变量,如 u、i 用 $\dot{U}$、$\dot{I}$ 表示等。而二端口网络 N 用其相量模型 N_ω 表示。

1. 二端口网络的流控型伏安关系(VAR)

二端口网络可以在端口施加电压源或电流源,由于两个端口都可以接受外施电源(激励源),因此存在四种不同施加电压源、电流源的方式,从而可得到四种不同形式的 VAR(或响应)。

假定在二端口网络 N_ω 两端均施加电流源,如图 8-4所示。则在端口 1 产生的电压应由三部分组成:

(1)电流源 $\dot{I}_1$ 单独作用在端口 1 产生的电压 $\dot{U}_{11}$;

(2)电流源 $\dot{I}_2$ 单独作用在端口 1 产生的电压 $\dot{U}_{12}$;

(3)只由网络 N_ω 中所有独立源作用在端口 1 产生的电压 $\dot{U}_{13}$。

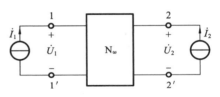

图 8-4 求二端口网络 N_ω 的流控型 VAR

根据叠加原理,端口 1 上的总电压 $\dot{U}_1$ 为

$$\dot{U}_1 = \dot{U}_{11} + \dot{U}_{12} + \dot{U}_{13}$$

一般写成

$$\dot{U}_1 = z_{11}\dot{I}_1 + z_{12}\dot{I}_2 + \dot{U}_{oc1} \tag{8-1}$$

式中:

$$z_{11} = \frac{\dot{U}_1}{\dot{I}_1}\bigg|_{\dot{I}_2=0,\dot{U}_{oc1}=0}$$

$$z_{12} = \frac{\dot{U}_1}{\dot{I}_2}\bigg|_{\dot{I}_1=0,\dot{U}_{oc1}=0}$$

分别为在二端口网络内部电源置零(电压源短路,电流源开路,因而 $\dot{U}_{oc1}=0$)时,端口 1 的开路策动点阻抗和开路反向转移阻抗;

$$\dot{U}_{oc1} = \dot{U}_{13} = \dot{U}_1\big|_{\dot{I}_1=0,\dot{I}_2=0}$$

为二端口网络两端均开路时端口 1 的开路电压。

同理可得,端口电压 $\dot{U}_2$ 的表达式为

$$\dot{U}_2 = z_{21}\dot{I}_1 + z_{22}\dot{I}_2 + \dot{U}_{oc2} \tag{8-2}$$

式中:

$$z_{21} = \frac{\dot{U}_2}{\dot{I}_1}\bigg|_{\dot{I}_2=0,\dot{U}_{oc2}=0}$$

$$z_{22} = \frac{\dot{U}_2}{\dot{I}_2}\bigg|_{\dot{I}_1 = 0, \dot{U}_{oc2} = 0}$$

分别为在二端口网络内部电源置零($\dot{U}_{oc2} = 0$)时,端口 2 的开路正向转移阻抗和开路策动点阻抗;

$$\dot{U}_{oc2} = \dot{U}_2\bigg|_{\dot{I}_1 = 0, \dot{I}_2 = 0}$$

为二端口网络两端均开路时端口 2 的开路电压。

式(8-1)和式(8-2)分别为端口 1、2 的 VAR。它们组成了二端口网络对 $\dot{U}_1$、$\dot{U}_2$、$\dot{I}_1$、$\dot{I}_2$ 等四个端口变量的两个约束关系。约束关系是以端口电流为自变量,端口电压为因变量的函数,称为 VAR 的流控形式或流控型 VAR。

VAR 涉及六个参数 z_{11}、z_{12}、z_{21}、z_{22} 和 $\dot{U}_{oc1}$、$\dot{U}_{oc2}$,它们可以由如图 8-5 所示的三个电路算得。

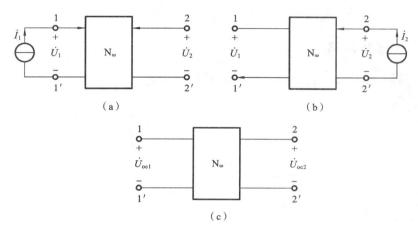

图 8-5 流控型 VAR 参数的确定

(a) 确定 z_{11}、z_{21};(b) 确定 z_{12}、z_{22};(c) 确定 $\dot{U}_{oc1}$、$\dot{U}_{oc2}$

2. z 参数矩阵

将式(8-1)、式(8-2)写成矩阵形式为

$$\begin{bmatrix} \dot{U}_1 \\ \dot{U}_2 \end{bmatrix} = \begin{bmatrix} z_{11} & z_{12} \\ z_{21} & z_{22} \end{bmatrix} \begin{bmatrix} \dot{I}_1 \\ \dot{I}_2 \end{bmatrix} + \begin{bmatrix} \dot{U}_{oc1} \\ \dot{U}_{oc2} \end{bmatrix} \tag{8-3}$$

式(8-3)左边可定义为端口电压相量矩阵 $\dot{U} = \begin{bmatrix} \dot{U}_1 & \dot{U}_2 \end{bmatrix}^{\mathrm{T}}$(T 代表转置矩阵),右边引入端口电流相量矩阵 $\dot{I} = \begin{bmatrix} \dot{I}_1 & \dot{I}_2 \end{bmatrix}^{\mathrm{T}}$ 和开路端口电压相量矩阵 $\dot{U}_{oc} = \begin{bmatrix} \dot{U}_{oc1} & \dot{U}_{oc2} \end{bmatrix}^{\mathrm{T}}$,以及矩阵 $\boldsymbol{Z} = [z_{ij}]$,则式(8-3)成为矩阵方程

$$\dot{U} = \boldsymbol{Z}\dot{I} + \dot{U}_{oc} \tag{8-4}$$

显然,上式是戴维南定理在网络理论中的推广。这一推广采用了相量电压和相量电流的结果,它描述了端口相量电压与相量电流之间的线性关系。

矩阵 $\boldsymbol{Z}$ 是 2×2 的方阵,其元素 z_{ij} 都是在一定的开路状态下确定的,且具有阻抗的量纲,常称为开路阻抗矩阵,称其元素为 z 参数。故有时也称矩阵 $\boldsymbol{Z}$ 为 z 参数矩阵,简称 $\boldsymbol{Z}$ 矩阵。

3. z 参数网络

由式(8-1)和式(8-2)还可得到二端口网络的等效电路,如图 8-6 所示。该等效电路称为

流控型等效电路或 z 参数等效电路,也称 z 参数网络。该等效电路可视为戴维南电路的推广。由图 8-6 可见,一般可用受控源来计及一个端口电压受另一个端口电流的影响。

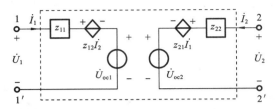

图 8-6 z 参数网络

如果二端口网络内部不含有独立源,则 $\dot{U}_{oc}=0$,二端口网络流控型 VAR 为

$$\begin{bmatrix} \dot{U}_1 \\ \dot{U}_2 \end{bmatrix} = \begin{bmatrix} z_{11} & z_{12} \\ z_{21} & z_{22} \end{bmatrix} \begin{bmatrix} \dot{I}_1 \\ \dot{I}_2 \end{bmatrix} \tag{8-5}$$

8.1.2 y 参数网络

如果在二端口网络两端均施加一个电压源,则与前述一样,可以得到二端口网络的压控型 VAR,即

$$\dot{I}_1 = y_{11}\dot{U}_1 + y_{12}\dot{U}_2 + \dot{I}_{sc1} \tag{8-6}$$

$$\dot{I}_2 = y_{21}\dot{U}_1 + y_{22}\dot{U}_2 + \dot{I}_{sc2} \tag{8-7}$$

写成矩阵形式为

$$\begin{bmatrix} \dot{I}_1 \\ \dot{I}_2 \end{bmatrix} = \begin{bmatrix} y_{11} & y_{12} \\ y_{21} & y_{22} \end{bmatrix} \begin{bmatrix} \dot{U}_1 \\ \dot{U}_2 \end{bmatrix} + \begin{bmatrix} \dot{I}_{sc1} \\ \dot{I}_{sc2} \end{bmatrix} \tag{8-8}$$

式中:

$$y_{11} = \frac{\dot{I}_1}{\dot{U}_1} \bigg|_{\dot{U}_2=0, I_{sc1}=0}, \qquad y_{12} = \frac{\dot{I}_1}{\dot{U}_2} \bigg|_{\dot{U}_1=0, I_{sc1}=0}$$

$$y_{21} = \frac{\dot{I}_2}{\dot{U}_1} \bigg|_{\dot{U}_2=0, I_{sc2}=0}, \qquad y_{22} = \frac{\dot{I}_2}{\dot{U}_2} \bigg|_{\dot{U}_1=0, I_{sc2}=0}$$

$$\dot{I}_{sc1} = \dot{I}_1 \big|_{\dot{U}_1=0, \dot{U}_2=0}$$

$$\dot{I}_{sc2} = \dot{I}_2 \big|_{\dot{U}_1=0, \dot{U}_2=0}$$

二端口网络的压控型 VAR 的矩阵方程为

$$\dot{I} = Y\dot{U} + \dot{I}_{sc} \tag{8-9}$$

式中: $\dot{I} = [\dot{I}_1 \quad \dot{I}_2]^{\mathrm{T}}$、$\dot{U} = [\dot{U}_1 \quad \dot{U}_2]^{\mathrm{T}}$ 分别为端口电流相量矩阵和端口电压相量矩阵; $\dot{I}_{sc}$ 为端口短路电流相量矩阵。矩阵 Y 是 2×2 的方阵,其元素 y_{ij} 都是在一定的短路状态下确定的,且具有导纳的量纲,称之为短路导纳矩阵,称其元素为 y 参数。有时也称矩阵 Y 为 y 参数矩阵,简称 Y 矩阵。

式(8-9)表明,一个二端口网络可以用短路导纳矩阵 Y 和短路电流相量矩阵 $\dot{I}_{sc}$ 来表征。根据压控型 VAR 可得等效电路如图 8-7 所示,称为压控型等效电路或 y 参数等效电路,也称 y 参数网络。可视其为诺顿电路的推广。

如果二端口网络内部不含有独立源,则压控型 VAR 为

$$\begin{bmatrix} \dot{I}_1 \\ \dot{I}_2 \end{bmatrix} = \begin{bmatrix} y_{11} & y_{12} \\ y_{21} & y_{22} \end{bmatrix} \begin{bmatrix} \dot{U}_1 \\ \dot{U}_2 \end{bmatrix} \tag{8-10}$$

式(8-5)与式(8-10)有时可以简化无源网络电路的运算。

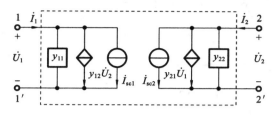

图 8-7 y 参数网络

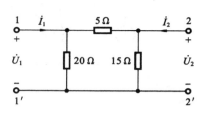

图 8-8 例 8-1

例 8-1 试求图 8-8 所示的二端口网络的 z 参数。

解 二端口网络为纯电阻网络，z 参数均为实数且 $\dot{U}_{oc}=0$。端口 2 开路时，$\dot{I}_2=0$。端口 1 的等效电阻是 20 Ω 电阻与 5 Ω、15 Ω 电阻串联后再并联构成的，即

$$z_{11}=\frac{\dot{U}_1}{\dot{I}_1}\bigg|_{\dot{I}_2=0,\dot{U}_{oc1}=0}=\frac{20\times20}{40}\ \Omega=10\ \Omega$$

当 $\dot{I}_2=0$ 时，$\dot{U}_2$ 为 $\dot{U}_1$ 在 15 Ω 电阻上的分压，所以

$$\dot{U}_2=\frac{15}{15+5}\dot{U}_1=\frac{3}{4}\dot{U}_1=0.75\,\dot{U}_1$$

$$\dot{I}_1=\frac{\dot{U}_1}{z_{11}}=\frac{\dot{U}_1}{10}$$

因此

$$z_{21}=\frac{\dot{U}_2}{\dot{I}_1}\bigg|_{\dot{I}_2=0,\dot{U}_{oc2}=0}=\frac{0.75\,\dot{U}_1}{\dot{U}_1/10}=7.5\ \Omega$$

当 $\dot{I}_1=0$ 时，端口 2 的等效电阻是 15 Ω 电阻与 5 Ω、20 Ω 电阻串联后再并联构成的，即

$$z_{22}=\frac{\dot{U}_2}{\dot{I}_2}\bigg|_{\dot{I}_1=0,\dot{U}_{oc2}=0}=\frac{15\times25}{40}\ \Omega=\frac{75}{8}\ \Omega=9.375\ \Omega$$

当 $\dot{I}_1=0$ 时，$\dot{U}_1$ 为 $\dot{U}_2$ 在 20 Ω 电阻上的分压，所以

$$\dot{U}_1=\frac{20}{20+5}\dot{U}_2=\frac{4}{5}\,\dot{U}_2=0.8\dot{U}_2$$

$$\dot{I}_2=\frac{\dot{U}_2}{z_{22}}=\frac{\dot{U}_2}{9.375}$$

因此

$$z_{12}=\frac{\dot{U}_1}{\dot{I}_2}\bigg|_{\dot{I}_1=0,\dot{U}_{oc1}=0}=\frac{0.8\dot{U}_2}{\dot{U}_2/9.375}=7.5\ \Omega$$

注意：本题所示二端口网络 $z_{12}=z_{21}$。

例 8-2 求图 8-9 所示的电路的压控型 VAR。

解 本题需先求 y 参数。给定的二端口网络为电阻网络，可用交流瞬时值来计算。先令端口 2 短路，u_s 置零，在端口 1 施加电压源 u_1，如图 8-10(a)所示。

由图可见， $u_1=u_3=-5i_2$

$$y_{11}=\frac{i_1}{u_1}=\frac{-2u_3-i_2}{u_1}=\frac{-2u_3-(-u_3/5)}{u_1}$$

$$=\frac{-2u_3+u_3/5}{u_1}$$

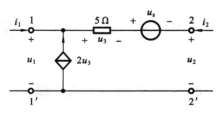

图 8-9 例 8-2

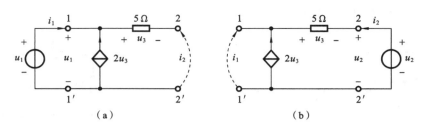

图 8-10 求 y 参数用图

(a) 求 y_{11}、y_{21}；(b) 求 y_{12}、y_{22}

因为
$$u_1 = u_3$$

所以
$$y_{11} = \frac{-2u_3 + u_3/5}{u_1} = \frac{-2u_1 + u_1/5}{u_1} = -\frac{9}{5} \text{ S}$$

$$y_{21} = \frac{i_2}{u_1} = \frac{i_2}{-5i_2} = -\frac{1}{5} \text{ S}$$

再令端口 1 短路，u_s 置零，在端口 2 施加电压源 u_2，如图 8-10(b)所示。于是有

$$y_{12} = \frac{i_1}{u_2} = \frac{-2u_3 - i_2}{u_2} = \frac{-2u_3 + u_3/5}{u_2}$$

因为
$$u_2 = -u_3 = 5i_2$$

所以
$$y_{12} = \frac{-2u_3 + u_3/5}{-u_3} = \frac{9}{5} \text{ S}$$

以及
$$y_{22} = \frac{i_2}{u_2} = \frac{-u_3/5}{-u_3} = \frac{1}{5} \text{ S}$$

最后求短路电流 i_{cs}。令原电路两端均短路如图 8-11 所示。

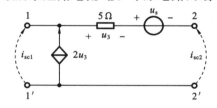

图 8-11 求 i_{sc1}、i_{sc2}

由于端口 1、2 短路，u_3 正负端短接，所以 $u_3 = 0$，并得

$$u_s = 5i_{sc2} \Rightarrow i_{sc2} = \frac{u_s}{5}$$

又由于
$$i_{sc1} = -i_{sc2}$$

可得
$$i_{sc1} = -\frac{u_s}{5}$$

最后求得图 8-9 所示二端口网络的压控型 VAR 为

$$\begin{bmatrix} i_1 \\ i_2 \end{bmatrix} = \begin{bmatrix} -\dfrac{9}{5} & \dfrac{9}{5} \\ -\dfrac{1}{5} & \dfrac{1}{5} \end{bmatrix} \begin{bmatrix} u_1 \\ u_2 \end{bmatrix} + \begin{bmatrix} -\dfrac{1}{5}u_s \\ \dfrac{1}{5}u_s \end{bmatrix}$$

8.2 混合参数(h 参数)网络

8.2.1 二端口网络的混合型 VAR

以上讨论的是在二端口网络两端如何施加电流源或电压源来得到二端口网络 VAR。当

然也可以在网络的一个端口施加电流源而在另一端口施加电压源来获得 VAR。例如,如图 8-12 所示在二端口网络的端口 1 施加电流源 $\dot{I}_1$,在端口 2 施加电压源 $\dot{U}_2$。于是端口 1 的电压 $\dot{U}_1$ 应由以下三部分组成。

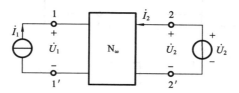

图 8-12　求双口 N_ω 的混合 I 型 VAR

(1) 电流源 $\dot{I}_1$ 单独作用在端口 1 产生的电压 $\dot{U}_{11}$;

(2) 电压源 $\dot{U}_2$ 单独作用在端口 1 产生的电压 $\dot{U}_{12}$;

(3) 只由网络 N_ω 中所有独立源作用在端口 1 产生的电压 $\dot{U}_{13}$。

于是端口 1 上的总电压 $\dot{U}_1$ 为

$$\dot{U}_1 = \dot{U}_{11} + \dot{U}_{12} + \dot{U}_{13}$$

一般写成

$$\dot{U}_1 = h_{11}\dot{I}_1 + h_{12}\dot{U}_2 + \dot{U}_{oc1} \tag{8-11}$$

式中:

$$h_{11} = \left.\frac{\dot{U}_1}{\dot{I}_1}\right|_{\dot{U}_2=0,\dot{U}_{oc1}=0}$$

$$h_{12} = \left.\frac{\dot{U}_1}{\dot{U}_2}\right|_{\dot{I}_1=0,\dot{U}_{oc1}=0}$$

分别为在双口内部电源置零($\dot{U}_{oc1}=0$)时,端口 1 的短路策动点阻抗和开路反向电压转移比;

$$\dot{U}_{oc1} = \dot{U}_{13} = \dot{U}_1\big|_{\dot{I}_1=0,\dot{U}_2=0}$$

为端口 2 短路、端口 1 开路时的开路电压。

同理可得,端口电流 $\dot{I}_2$ 的表达式为

$$\dot{I}_2 = h_{21}\dot{I}_1 + h_{22}\dot{U}_2 + \dot{I}_{sc2} \tag{8-12}$$

式中:

$$h_{21} = \left.\frac{\dot{I}_2}{\dot{I}_1}\right|_{\dot{U}_2=0,\dot{I}_{sc2}=0}$$

$$h_{22} = \left.\frac{\dot{I}_2}{\dot{U}_2}\right|_{\dot{I}_1=0,\dot{I}_{sc2}=0}$$

分别为在双口内部电源置零($\dot{I}_{sc2}=0$)时,端口 2 的开路正向电流转移比和开路策动点导纳;

$$\dot{I}_{sc2} = \dot{I}_2\big|_{\dot{I}_1=0,\dot{U}_2=0}$$

为端口 1 开路、端口 2 短路时的短路电流。

式(8-11)和式(8-12)分别为端口 1、2 的 VAR。它们组成了二端口网络对 $\dot{U}_1$、$\dot{U}_2$、$\dot{I}_1$、$\dot{I}_2$ 等四个端口变量的两个约束关系。约束关系是以端口 1 的电流 $\dot{I}_1$ 和端口 2 的电压 $\dot{U}_2$ 为自变量,$\dot{U}_1$、$\dot{I}_2$ 为因变量的函数,称为混合 I 型 VAR。

VAR 涉及的六个参数中的 h_{11}、h_{12}、h_{21}、h_{22} 可以由图 8-13(a)、(b)求得,这四个参数具有电阻或电导的量纲或为无量纲,称为混合型(h)参数。而 $\dot{U}_{oc1}$、$\dot{I}_{sc2}$ 可以由图 8-13(c)所示的电路算得。

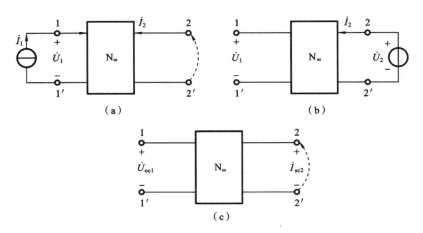

图 8-13　混合 I 型 VAR 参数的确定

(a) 确定 h_{11}、h_{21}；(b) 确定 h_{12}、h_{22}；(c) 确定 $\dot{U}_{oc1}$、$\dot{I}_{sc2}$

8.2.2　二端口网络的混合型 VAR 和 h 参数等效电路

1. 二端口网络混合 I 型 VAR

将式(8-11)、式(8-12)写成矩阵形式,得到二端口网络的混合 I 型 VAR 为

$$\begin{bmatrix} \dot{U}_1 \\ \dot{I}_2 \end{bmatrix} = \begin{bmatrix} h_{11} & h_{12} \\ h_{21} & h_{22} \end{bmatrix} \begin{bmatrix} \dot{I}_1 \\ \dot{U}_2 \end{bmatrix} + \begin{bmatrix} \dot{U}_{oc1} \\ \dot{I}_{sc2} \end{bmatrix} \tag{8-13}$$

引入 $\boldsymbol{H}$ 矩阵：

$$\boldsymbol{H} = \begin{bmatrix} h_{11} & h_{12} \\ h_{21} & h_{22} \end{bmatrix}$$

$\boldsymbol{H}$ 矩阵称为混合 I 型矩阵,其元素为混合型参数,也称 h 参数,则式(8-13)所示的矩阵方程为

$$\begin{bmatrix} \dot{U}_1 \\ \dot{I}_2 \end{bmatrix} = \boldsymbol{H} \begin{bmatrix} \dot{I}_1 \\ \dot{U}_2 \end{bmatrix} + \begin{bmatrix} \dot{U}_{oc1} \\ \dot{I}_{sc2} \end{bmatrix} \tag{8-14}$$

若二端口网络内部不含独立电源,则混合 I 型 VAR 将变成

$$\begin{bmatrix} \dot{U}_1 \\ \dot{I}_2 \end{bmatrix} = \boldsymbol{H} \begin{bmatrix} \dot{I}_1 \\ \dot{U}_2 \end{bmatrix} \tag{8-15}$$

式(8-15)可以用来简化无源网络电路的运算。

2. h 参数等效电路(h 参数网络)

由式(8-11)和式(8-12)还可得到二端口网络的等效电路,如图 8-14 所示。该等效电路称为混合 I 型等效电路或 h 参数等效电路,也称为 h 参数网络。后继课程"低频模拟电路"中将使用该等效电路来描述晶体管的特性。

3. h' 参数矩阵

如果在二端口网络的端口 1 施加电压源 $\dot{U}_1$,在端口 2 施加电流源 $\dot{I}_2$,可以得到二端口网络的混合 II 型 VAR,其矩阵形式为

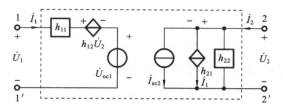

图 8-14 h 参数网络

$$\begin{bmatrix} \dot{I}_1 \\ \dot{U}_2 \end{bmatrix} = \boldsymbol{H}' \begin{bmatrix} \dot{U}_1 \\ \dot{I}_2 \end{bmatrix} + \begin{bmatrix} \dot{I}_{sc1} \\ \dot{U}_{oc2} \end{bmatrix} \tag{8-16}$$

式中:

$$\boldsymbol{H}' = \begin{bmatrix} h'_{11} & h'_{12} \\ h'_{21} & h'_{22} \end{bmatrix} \tag{8-17}$$

称为混合Ⅱ型矩阵或 h' 参数矩阵,其元素称为 h' 参数。读者可自行了解各参数的物理意义,并画出其等效电路。

例 8-3 求图 8-15 所示含受控源二端口网络在频率为 1 MHz 时的 h 参数,已知 $A = 0.1$ S。

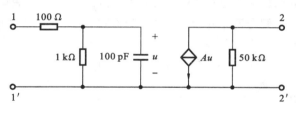

图 8-15 例 8-3 图

解 图 8-15 所示电路常见于晶体管电路分析中。作出相量模型后(略),即可计算出 h 参数。

$$h_{11} = \frac{\dot{U}_1}{\dot{I}_1}\bigg|_{\dot{U}_2=0} = \left(100 + \frac{1}{10^{-3} + j2\pi \times 10^6 \times 10^{-10}}\right) \Omega$$

$$= \left(100 + \frac{10^3}{1 + j0.628}\right) \Omega$$

$$= (817 - j451) \Omega$$

$$= 933 \angle -28.9° \ \Omega$$

h_{11} 代表电路的输入阻抗。求 h_{12} 时,令输入端开路,则 $\dot{I}_1 = 0$,$\dot{U}_1 = 0$,有

$$h_{12} = \frac{\dot{U}_1}{\dot{U}_2}\bigg|_{\dot{I}_1=0} = 0$$

h_{12} 代表输出端对输入端的影响。由于本电路输入端虽然可通过受控源 Au 对输出端产生影响,但输出端无法影响输入端,故 h_{12} 为零。

为求 h_{21},应令输出端短路,从而 $\dot{I}_2 = A\dot{U}$,于是

$$h_{21} = \frac{\dot{I}_2}{\dot{I}_1}\bigg|_{\dot{U}_2=0} = \frac{A\dot{U}}{(10^{-3} + j2\pi \times 10^6 \times 10^{-10})\dot{U}}$$

$$= \frac{0.1}{10^{-3}+\mathrm{j}2\pi\times10^{6}\times10^{-10}} = \frac{100}{1+\mathrm{j}0.628}$$

$$= 71.7 - \mathrm{j}45.1 = 84.7\angle-32.1°$$

h_{21} 代表输入端对输出端的影响。表明了输出电流对输入电流的比值——电流增益。求 h_{22} 时，应令输入端短路，由于 $\dot{U}_1=0$，$\dot{I}_1=0$，$\dot{U}=0$，因而

$$h_{22} = \frac{\dot{I}_2}{\dot{U}_2}\bigg|_{\dot{I}_1=0} = \frac{1}{50\times10^3}\ \mathrm{S} = 2\times10^{-5}\ \mathrm{S}$$

为该电路的输出电导。

8.3 二端口网络的传输 I 型、II 型矩阵

8.3.1 二端口网络的传输 I 型矩阵

1. 二端口网络传输 I 型 VAR

若以二端口网络的输出端口电压 $\dot{U}_2$ 和电流 $\dot{I}_2$ 为自变量，输入端口电压 $\dot{U}_1$ 和电流 $\dot{I}_1$ 为因变量建立 VAR，进一步假定网络是无源的（因为双口内部含独立源的 VAR 用处较少），则形式上可列出 VAR 为

$$\dot{U}_1 = T_{11}\dot{U}_2 + T_{12}\dot{I}_2 \tag{8-18}$$

$$\dot{I}_1 = T_{21}\dot{U}_2 + T_{22}\dot{I}_2 \tag{8-19}$$

其矩阵方程为

$$\begin{bmatrix} \dot{U}_1 \\ \dot{I}_1 \end{bmatrix} = \begin{bmatrix} T_{11} & T_{12} \\ T_{21} & T_{22} \end{bmatrix} \begin{bmatrix} \dot{U}_2 \\ \dot{I}_2 \end{bmatrix} \tag{8-20}$$

称为二端口网络的传输 I 型 VAR。

引入矩阵

$$\boldsymbol{T} = \begin{bmatrix} T_{11} & T_{12} \\ T_{21} & T_{22} \end{bmatrix}$$

为传输 I 型矩阵，从而传输 I 型 VAR 的矩阵表达式为

$$\begin{bmatrix} \dot{U}_1 \\ \dot{I}_1 \end{bmatrix} = \boldsymbol{T} \begin{bmatrix} \dot{U}_2 \\ \dot{I}_2 \end{bmatrix} \tag{8-21}$$

2. 二端口网络传输 I 型矩阵

二端口网络传输 I 型 VAR 和矩阵 $\boldsymbol{T}$ 的元素（T_{ij}）可由前述任一形式的二端口网络 VAR 求得。以下从不含独立源的 y 参数 VAR 出发来求解。

由 y 参数 VAR，已知

$$\dot{I}_1 = y_{11}\dot{U}_1 + y_{12}\dot{U}_2 \tag{8-22}$$

$$\dot{I}_2 = y_{21}\dot{U}_1 + y_{22}\dot{U}_2 \tag{8-23}$$

由式(8-23)解得

$$\dot{U}_1 = -\frac{y_{22}}{y_{21}}\dot{U}_2 + \frac{1}{y_{21}}\dot{I}_2$$

代入式(8-22),整理后得

$$\dot{I}_1 = (y_{12} - \frac{y_{11}y_{22}}{y_{21}})\dot{U}_2 + \frac{y_{11}}{y_{21}}\dot{I}_2$$

令

$$A = -\frac{y_{22}}{y_{21}} = T_{11}, \quad B = -\frac{1}{y_{21}} = T_{12} \tag{8-23a}$$

$$C = y_{12} - \frac{y_{11}y_{22}}{y_{21}} = T_{21}, \quad D = -\frac{y_{11}}{y_{21}} = T_{22} \tag{8-23b}$$

传输 I 型 VAR 写成

$$\dot{U}_1 = A\dot{U}_2 + B(-\dot{I}_2) \tag{8-24}$$

$$\dot{I}_1 = C\dot{U}_2 + D(-\dot{I}_2) \tag{8-25}$$

也称为正向传输型 VAR。

上两式中之所以出现负号,是因为历史上人们最早研究的便是这种传输型的 VAR(称为二端口网络基本方程),当时假定的电流正方向与现在的规定(见图 8-3)刚好相反,为统一起见,所以用($-\dot{I}_2$)表示流出输出端口的电流。

传输 I 型矩阵 **T** 变为

$$\mathbf{T} = \begin{bmatrix} T_{11} & T_{12} \\ T_{21} & T_{22} \end{bmatrix} = \begin{bmatrix} A & B \\ C & D \end{bmatrix}$$

也称为正向传输矩阵或 **T** 矩阵,其元素称为传输参数(T 参数)。其中,

$$A = \frac{\dot{U}_1}{\dot{U}_2}\bigg|_{\dot{I}_2=0}, \quad B = -\frac{\dot{U}_1}{\dot{I}_2}\bigg|_{\dot{U}_2=0}$$

$$C = \frac{\dot{I}_1}{\dot{U}_2}\bigg|_{\dot{I}_2=0}, \quad D = -\frac{\dot{I}_1}{\dot{I}_2}\bigg|_{\dot{U}_2=0}$$

可以在输出端口开路或短路的情况下确定这四个参数,进而确定式(8-20)和式(8-21)。

8.3.2　二端口网络的传输 II 型矩阵

若以二端口网络的输入端口电压 $\dot{U}_1$ 和电流 $\dot{I}_1$ 为自变量,输出端口电压 $\dot{U}_2$ 和电流 $\dot{I}_2$ 为因变量建立 VAR,同时假定网络是无源的,则形式上可列出此时的 VAR 为

$$\dot{U}_2 = T'_{11}\dot{U}_1 + T'_{12}\dot{I}_1 \tag{8-26}$$

$$\dot{I}_2 = T'_{21}\dot{U}_2 + T'_{22}\dot{I}_1 \tag{8-27}$$

其矩阵方程为

$$\begin{bmatrix} \dot{U}_2 \\ \dot{I}_2 \end{bmatrix} = \begin{bmatrix} T'_{11} & T'_{12} \\ T'_{21} & T'_{22} \end{bmatrix} \begin{bmatrix} \dot{U}_1 \\ \dot{I}_1 \end{bmatrix} \tag{8-28}$$

称为二端口网络的传输 II 型 VAR 或反向传输型 VAR。

也可以由式(8-22)和式(8-23)求解 $\dot{U}_2$、$\dot{I}_2$,得到二端口网络的反向传输型 VAR 为

$$\dot{U}_2 = A'\dot{U}_1 + B'(-\dot{I}_1) \tag{8-29}$$

$$\dot{I}_2 = C'\dot{U}_2 + D'(-\dot{I}_1) \tag{8-30}$$

引入矩阵

$$\boldsymbol{T}' = \begin{bmatrix} A' & B' \\ C' & D' \end{bmatrix}$$

为传输 II 型矩阵，或反向传输矩阵（$\boldsymbol{T}'$ 矩阵），其元素称为反向传输参数，从而传输 II 型 VAR 的矩阵表达式为

$$\begin{bmatrix} \dot{U}_2 \\ \dot{I}_2 \end{bmatrix} = \boldsymbol{T}' \begin{bmatrix} \dot{U}_1 \\ \dot{I}_1 \end{bmatrix} \tag{8-31}$$

必须强调的是，不能根据二端口网络的传输型 VAR 画出等效电路。这是因为同一端口不能同时施加电压和电流，即二端口网络的传输 I、II 型 VAR 不能用外施激励的方法获得。对于 z 参数、y 参数、h 及 h' 参数的 VAR，可以通过"激励-响应"的对应关系获得。因此可以画出相应的等效电路（等效网络）。

二端口网络的传输型 VAR 及 $\boldsymbol{T}$、$\boldsymbol{T}'$ 矩阵在无源网络（例如含有电感或变压器等器件的网络）的研究计算中，有着非常重要的应用和理论意义。

8.4 互易二端口网络和互易定理

如前所述，当二端口网络含有独立源时，VAR 需要用六个参数去表征。当二端口网络不含独立源时，仅需要四个参数去表征。本节将讨论对于某些不含独立源的二端口网络，所需的独立参数还可更少。

定义只含线性非时变二端元件（电阻、电容、电感）、耦合电感和理想变压器的二端口网络为互易（reciprocal）二端口网络，记为 N_r。

含受控源的二端口网络通常是非互易的。如例 8-1 中图 8-8 所示的二端口网络不含受控源，所以是互易的，且计算结果表明 $z_{12} = z_{21}$；而例 8-2 中图 8-9 所示的二端口网络包含受控源，所以是非互易的，且计算结果亦表明 $y_{12} \neq y_{21}$。上述二例同时给出了互易二端口网络的一个重要特性，即所谓互易定理。

互易定理 对互易二端口网络 N_r，下列关系式成立：

$$z_{12} = z_{21} \tag{8-32}$$

$$y_{12} = y_{21} \tag{8-33}$$

$$h_{12} = -h_{21} \tag{8-34}$$

$$h'_{12} = -h'_{21} \tag{8-35}$$

$$\Delta_T = AD - BC = 1 \tag{8-36}$$

$$\Delta_{T'} = A'D' - B'C' = 1 \tag{8-37}$$

根据互易定理，表征互易二端口网络的任一组参数只有三个是独立的，即只需进行三次计算或三次测量，就足以确定整组的四个参数。关于互易定理的证明，请参考文献[2]。

如果互易网络是对称的，则独立参数还可进一步减少至两个。对称网络指的是，互易网络的两个端口交换后，其端口电压、电流数值不变，则该网络是对称的。图 8-16 所示的是几例对称二端口网络。

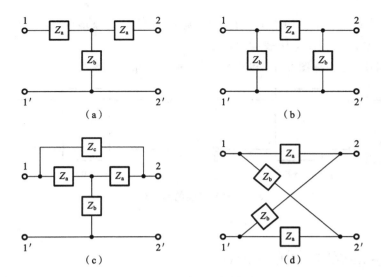

图 8-16 二端口对称网络

(a) 对称 T 形；(b) 对称 Ⅱ 形；(c) 对称桥 T 形；(d) 对称格形

对于对称二端口网络，每组还存在以下附加关系：

$$z_{11} = z_{22} \tag{8-38}$$

$$y_{11} = y_{22} \tag{8-39}$$

$$\Delta_h = h_{11} h_{22} - h_{12} h_{21} = 1 \tag{8-40}$$

$$\Delta_{h'} = h'_{11} h'_{22} - h'_{12} h'_{21} = 1 \tag{8-41}$$

$$A = D \tag{8-42}$$

$$A' = D' \tag{8-43}$$

根据对称二端口网络参数间的附加关系，易知表征对称互易二端口网络的任一组参数只有两个是独立的，即只需进行两次计算或两次测量，就足以确定整组的四个参数。

由互易定理还可以得到电路的另一些特点，如根据 $y_{21} = y_{12}$ 可以得到

$$\left. \frac{\dot{I}_2}{\dot{U}_1} \right|_{U_2=0} = \left. \frac{\dot{I}_1}{\dot{U}_2} \right|_{U_1=0}$$

从而得到图 8-17 所示电路。如果 $\dot{U}_1 = \dot{U}_2 = \dot{U}_s$，则 $\dot{I}_1 = \dot{I}_2$。形象地说，这相当于一个电压源和一个电流表可互换端口位置而电流表读数不变。

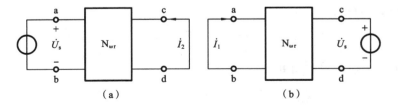

图 8-17 电路互易性的一种：$\dot{I}_1 = \dot{I}_2$

另外，根据 $z_{21} = z_{12}$ 又可以得到

$$\left. \frac{\dot{U}_1}{\dot{I}_2} \right|_{I_1=0} = \left. \frac{\dot{U}_2}{\dot{I}_1} \right|_{I_2=0}$$

从而得到图 8-18 所示电路。如果 $\dot{I}_1 = \dot{I}_2 = \dot{I}_s$，则 $\dot{U}_1 = \dot{U}_2$。形象地说,这相当于一个电流源和一个电压表互换端口位置而电压表读数不变。

在一些资料中,往往称图 8-17 和图 8-18 所示的结果为互易定理。

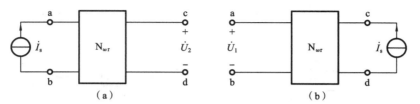

图 8-18　电路互易性的另一种: $\dot{U}_1 = \dot{U}_2$

8.5　各参数之间的关系

二端口网络可以用六个可能的参数来表征,其中最常用的是 z 参数、y 参数、h 参数和 T 参数。问题是在实际运用中,对于给定的二端口网络应该选用哪一种参数? 回答是根据需要,无论采用哪一种参数来表征二端口网络都是可以的。

事实上,通过 8.3 节的讨论,已经知道了二端口网络的 T 参数可由 y 参数获得。同理,当已知这六个参数中的一个,便可用它来推得其他任一参数,即各参数之间是可以等效替换的。因此可根据不同的情况和条件来选择更适合于电路分析的参数。例如,h 参数广泛应用于低频晶体管的电路分析中。这是因为对晶体管而言,h 参数最容易测量,且具有明显的物理意义。

例 8-4　试由 z 参数求 h 参数。

解　已知

$$\dot{U}_1 = z_{11}\dot{I}_1 + z_{12}\dot{I}_2 \tag{8-44}$$

$$\dot{U}_2 = z_{21}\dot{I}_1 + z_{22}\dot{I}_2 \tag{8-45}$$

由式(8-45)解得

$$\dot{I}_2 = -\frac{z_{21}}{z_{22}}\dot{I}_1 + \frac{1}{z_{22}}\dot{U}_2 = h_{21}\dot{I}_1 + h_{22}\dot{U}_2 \tag{8-46}$$

代入式(8-44),可得

$$\dot{U}_1 = (z_{11} - \frac{z_{12}z_{21}}{z_{22}})\dot{I}_1 + \frac{z_{12}}{z_{22}}\dot{U}_2 = h_{11}\dot{I}_1 + h_{12}\dot{U}_2 \tag{8-47}$$

由式(8-46)和式(8-47),可知

$$h_{11} = -\frac{z_{11}z_{22} - z_{12}z_{21}}{z_{22}} = \frac{\Delta_z}{z_{22}}, \quad h_{12} = \frac{z_{12}}{z_{22}} \tag{8-48}$$

$$h_{21} = -\frac{z_{21}}{z_{22}}, \quad h_{22} = \frac{1}{z_{22}} \tag{8-49}$$

式中: $\Delta_z = z_{11}z_{22} - z_{12}z_{21}$,称为 **Z** 矩阵的行列式。

照此分析,可以求得各参数间的关系如表 8-1 所示。

表 8-1 各参数间的关系

	Z	Y	T	H
Z	$\begin{bmatrix} z_{11} & z_{12} \\ z_{21} & z_{22} \end{bmatrix}$	$\begin{bmatrix} \dfrac{y_{22}}{\Delta_y} & \dfrac{-y_{12}}{\Delta_y} \\ \dfrac{-y_{21}}{\Delta_y} & \dfrac{y_{11}}{\Delta_y} \end{bmatrix}$	$\begin{bmatrix} \dfrac{A}{C} & \dfrac{\Delta_T}{C} \\ \dfrac{1}{C} & \dfrac{D}{C} \end{bmatrix}$	$\begin{bmatrix} \dfrac{\Delta_h}{h_{22}} & \dfrac{h_{12}}{h_{22}} \\ -\dfrac{h_{21}}{h_{22}} & \dfrac{1}{h_{22}} \end{bmatrix}$
Y	$\begin{bmatrix} \dfrac{z_{22}}{\Delta_z} & \dfrac{-z_{12}}{\Delta_z} \\ \dfrac{-z_{21}}{\Delta_z} & \dfrac{z_{11}}{\Delta_z} \end{bmatrix}$	$\begin{bmatrix} y_{11} & y_{12} \\ y_{21} & y_{22} \end{bmatrix}$	$\begin{bmatrix} \dfrac{D}{B} & \dfrac{-\Delta_T}{B} \\ -\dfrac{1}{B} & \dfrac{A}{B} \end{bmatrix}$	$\begin{bmatrix} \dfrac{1}{h_{11}} & -\dfrac{h_{12}}{h_{11}} \\ \dfrac{h_{21}}{h_{11}} & \dfrac{\Delta_h}{h_{11}} \end{bmatrix}$
T	$\begin{bmatrix} \dfrac{z_{11}}{z_{21}} & \dfrac{\Delta_z}{z_{21}} \\ \dfrac{1}{z_{21}} & \dfrac{z_{22}}{z_{21}} \end{bmatrix}$	$\begin{bmatrix} \dfrac{-y_{22}}{y_{21}} & \dfrac{-1}{y_{21}} \\ \dfrac{-\Delta_y}{y_{21}} & \dfrac{-y_{11}}{y_{21}} \end{bmatrix}$	$\begin{bmatrix} A & B \\ C & D \end{bmatrix}$	$\begin{bmatrix} \dfrac{\Delta_h}{h_{21}} & \dfrac{-h_{11}}{h_{21}} \\ -\dfrac{h_{22}}{h_{21}} & -\dfrac{1}{h_{21}} \end{bmatrix}$
H	$\begin{bmatrix} \dfrac{\Delta_z}{z_{22}} & \dfrac{z_{12}}{z_{22}} \\ \dfrac{-z_{21}}{z_{22}} & \dfrac{1}{z_{22}} \end{bmatrix}$	$\begin{bmatrix} \dfrac{1}{y_{11}} & \dfrac{-y_{12}}{y_{11}} \\ \dfrac{y_{21}}{y_{11}} & \dfrac{\Delta_y}{y_{11}} \end{bmatrix}$	$\begin{bmatrix} \dfrac{B}{D} & \dfrac{\Delta_T}{D} \\ \dfrac{-1}{D} & \dfrac{C}{D} \end{bmatrix}$	$\begin{bmatrix} h_{11} & h_{12} \\ h_{21} & h_{22} \end{bmatrix}$
互易条件	$z_{12} = z_{21}$	$y_{12} = y_{21}$	$\Delta_T = 1$	$h_{12} = -h_{21}$
对称条件	$z_{11} = z_{22}$	$y_{11} = y_{22}$	$A = D$	$\Delta_h = 1$

根据表 8-1,已知一组参数后,查表就可以很方便地得到另外任一参数。其中,Δ_z 为 z 参数矩阵行列式;Δ_y 为 y 参数矩阵行列式等。

例 8-5 求图 8-19 所示二端口网络的 Z、Y 和 T 等三个矩阵。

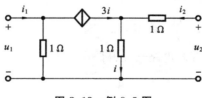

图 8-19 例 8-5 图

解 根据第 8.1 节所述方法,可求得网络的 Z 矩阵为

$$Z = \begin{bmatrix} 1 & \dfrac{3}{2} \\ 0 & \dfrac{1}{2} \end{bmatrix}$$

因为

$$\Delta_z = z_{11} z_{22} - z_{12} z_{21} = \frac{1}{2}$$

经查表得 **Y** 矩阵为

$$Y = \begin{bmatrix} \dfrac{1}{2} \times 2 & -\dfrac{3}{2} \times 2 \\ 0 & 1 \times 2 \end{bmatrix} = \begin{bmatrix} 1 & -3 \\ 0 & 2 \end{bmatrix}$$

又因为
$$z_{21} = 0$$
所以 T 矩阵不存在。

8.6　具有端接的二端口网络

前几节讨论了二端口网络本身的若干特点。在实际电路中，二端口网络往往只是电路的一部分，以"黑箱"的形式出现，其内部情况不明。一种最简单的情形就是所谓端接，如图 8-20 所示。图中二端口网络起着对信号进行处理（放大、滤波等）等作用。$\dot{U}_s$ 表示信号源相量，Z_s 表示信号源内阻抗，Z_L 表示负载阻抗。如果采用 z 参数，则二端口网络 $N_{0\omega}$ 的 VAR 可表示为

$$\dot{U}_1 = z_{11}\dot{I}_1 + z_{12}\dot{I}_2 \tag{8-50}$$
$$\dot{U}_2 = z_{21}\dot{I}_1 + z_{22}\dot{I}_2 \tag{8-51}$$

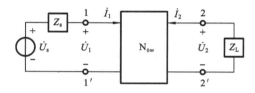

图 8-20　端接的二端口网络

再加上二端口网络两端外接电路的 VAR 为

$$\dot{U}_1 = \dot{U}_s - Z_s\dot{I}_1 \tag{8-52}$$
$$\dot{U}_2 = -Z_L\dot{I}_2 \tag{8-53}$$

共得到四个联立方程，由此可解出端口电压 $\dot{U}_1$、$\dot{U}_2$、电流变量 $\dot{I}_1$ 和 $\dot{I}_2$。

作为信号处理电路，往往需要研究 $N_{0\omega}$ 的下列几项内容：

（1）策动点（输入）阻抗：$Z_i = \dfrac{\dot{U}_1}{\dot{I}_1}$，或策动点（输入）导纳。

（2）对负载而言的戴维南等效电路——开路电压 $\dot{U}_{oc}$ 和输出阻抗 Z_o。

（3）电压转移比：
$$A_u = \frac{\dot{U}_2}{\dot{U}_1}$$

（4）电流转移比：
$$A_i = \frac{\dot{I}_2}{\dot{I}_1}$$

以下将分别讨论这些内容。

二端口网络策动点阻抗或输入阻抗为 $Z_i = \dfrac{\dot{U}_1}{\dot{I}_1}$，是输入端口电压 $\dot{U}_1$ 与输入端口电流 $\dot{I}_1$ 之比，策动点导纳或输入导纳 Y_i 则是其倒数。

将式（8-53）代入式（8-51），消去 $\dot{U}_2$，可得
$$z_{21}\dot{I}_1 + (z_{22} + Z_L)\dot{I}_2 = 0$$

从而电流转移比为

$$A_i = \frac{\dot{I}_2}{\dot{I}_1} = -\frac{z_{21}}{z_{22}+z_L} \tag{8-54}$$

将式(8-50)两边除以 $\dot{I}_1$，得到

$$Z_i = \frac{\dot{U}_1}{\dot{I}_1} = z_{11} + z_{12}\frac{\dot{I}_2}{\dot{I}_1} \tag{8-55}$$

将式(8-54)代入式(8-55)，得

$$Z_i = z_{11} - \frac{z_{12}z_{21}}{z_{22}+Z_L} = \frac{z_{11}Z_L+\Delta_z}{z_{22}+Z_L} \tag{8-56}$$

式(8-56)表明，输入阻抗可由 z 参数和负载阻抗 Z_L 表示，一般是频率的函数。对信号源来说，二端口网络及其端接的负载一起构成了信号源的负载，其数值由式(8-56)确定。

对负载而言，二端口网络及其端接的电源，可以表示为戴维南电路或诺顿电路，其中输出阻抗 Z_o 是电源置零后，由输出端口向输入端看去的等效阻抗，因此仿照式(8-56)的推导方法，可求得

$$Z_o = z_{22} - \frac{z_{12}z_{21}}{z_{11}+Z_s} = \frac{z_{22}Z_s+\Delta_z}{z_{11}+Z_s} \tag{8-57}$$

由式(8-57)可见，输出阻抗与信号源内阻抗有关。

由于戴维南等效电压源的电压即负载端口的开路电压 $\dot{U}_{oc}$，在 $\dot{I}_2=0$ 的条件下，不难由式 (8-50)、式(8-51)和式(8-52)得到

$$\dot{U}_{oc} = \frac{z_{21}}{z_{11}+Z_s}\dot{U}_s \tag{8-58}$$

据此，可以推导出电压转移比 A_u。推导过程如下。

将式(8-53)代入式(8-51)，得

$$\dot{U}_2 = z_{21}\dot{I}_1 + z_{22}\left(-\frac{\dot{U}_2}{Z_L}\right) \tag{8-59}$$

联合式(8-53)及式(8-50)可得

$$z_{11}\dot{I}_1 = \dot{U}_1 - z_{12}\left(-\frac{\dot{U}_2}{Z_L}\right)$$

即

$$\dot{I}_1 = \frac{\dot{U}_1}{z_{11}} + \frac{z_{12}\dot{U}_2}{z_{11}Z_L} \tag{8-60}$$

将式(8-60)代入式(8-59)即可得到

$$A_u = \frac{\dot{U}_2}{\dot{U}_1} = \frac{z_{21}Z_L}{z_{11}Z_L+z_{11}z_{22}-z_{12}z_{21}} = \frac{z_{21}Z_L}{z_{11}Z_L+\Delta_z} \tag{8-61}$$

至此，四个量全部算出。并且这四个量均可用二端口网络的 z 参数和两端端接的电源内阻抗 Z_s，以及负载阻抗 Z_o 来表示。当然也可以采用其他参数(如 y 参数、h 参数等)来表示，其结果类似。有兴趣的读者可参阅文献[2]。

习　　题

1. 试确定图题 1 所示二端口网络的 z 参数，已知 $\mu = \frac{1}{60}$。

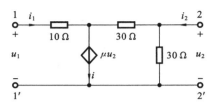

图题 1

2. 电路如图题 1 所示，求二端口网络的 y 参数。

3. 试利用式（8-23a）和式（8-23b），结合式（8-33）和式（8-39）。证明：若二端口网络是互易的，则 $\Delta_T = AD - BC = 1$；若二端口互易网络是对称的，则 $A = D$。

4. 试证明表 8-1 中 h 参数的对称条件为 $\Delta_h = 1$。已知 y 参数中 $y_{11} = y_{22}$。

5. 求例 8-1 所示电路图中的 h 参数。

6. 电路如图题 6 所示。二端口网络的 h 参数为

$$h_{11} = 14\ \Omega, \quad h_{12} = \frac{2}{3}, \quad h_{21} = -\frac{2}{3}, \quad h_{22} = \frac{1}{9}\ \text{S}$$

求 $\dot{U}_o$。（提示：先将 h 参数变为 z 参数，然后采用式（8-61））。

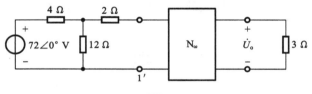

图题 6

7. 端接二端口网络如图题 7 所示。已知 $\dot{U}_s = 500$ V、$Z_s = 500\ \Omega$、$Z_L = 5$ kΩ；二端口网络的 z 参数为 $z_{11} = 100\ \Omega$、$z_{12} = -500\ \Omega$、$z_{21} = 1$ kΩ、$z_{22} = 10$ kΩ。试求：

（1）$\dot{U}_2$；

（2）负载的功率；

（3）输入端口的功率；

（4）获得最大功率时的负载阻抗；

（5）负载获得的最大功率。

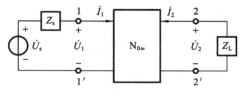

图题 7

实验八 二端口网络仿真设计

实验目的：

（1）熟练掌握二端口网络的 z 参数方程，理解其物理意义并能对其进行参数计算。

（2）熟练利用仿真仪器分析电路。

1. 实验原理

二端口网络的 z 参数矩阵，属于阻抗性质。

$$z_{11}=\frac{\dot{U}_1}{\dot{I}_1}\bigg|_{i_2=0}, \quad z_{12}=\frac{\dot{U}_1}{\dot{I}_2}\bigg|_{i_1=0}, \quad z_{21}=\frac{\dot{U}_2}{\dot{I}_1}\bigg|_{i_2=0}, \quad z_{22}=\frac{\dot{U}_2}{\dot{I}_2}\bigg|_{i_1=0}$$

$$y_{11}=\frac{\dot{I}_1}{\dot{U}_1}\bigg|_{U_2=0}, \quad y_{21}=\frac{\dot{I}_2}{\dot{U}_1}\bigg|_{U_2=0}, \quad y_{12}=\frac{\dot{I}_1}{\dot{U}_2}\bigg|_{U_1=0}, \quad y_{22}=\frac{\dot{I}_2}{\dot{U}_2}\bigg|_{U_1=0}$$

$$A=\frac{\dot{U}_1}{\dot{U}_2}\bigg|_{(-I_2)=0}, \quad B=\frac{\dot{U}_1}{-\dot{I}_2}\bigg|_{U_2=0}, \quad C=\frac{\dot{I}_1}{\dot{U}_2}\bigg|_{(-I_2)=0}, \quad D=\frac{\dot{I}_1}{-\dot{I}_2}\bigg|_{U_2=0}$$

2. 实验内容

求如实验图 8-1 所示二端口网络的 z 参数（$Z_1=2\ \Omega,Z_2=8\ \Omega,Z_3=4\ \Omega$）、$y$ 参数。

解 $z_{11}=\dfrac{\dot{U}_1}{\dot{I}_1}\bigg|_{i_2=0}=Z_1+Z_2=10\ \Omega$

实验图 8-1 二端口网络

$z_{21}=\dfrac{\dot{U}_2}{\dot{I}_1}\bigg|_{i_2=0}=Z_2=8\ \Omega$

$z_{22}=\dfrac{\dot{U}_2}{\dot{I}_2}\bigg|_{i_1=0}=Z_2+Z_3=12\ \Omega$

$z_{12}=\dfrac{\dot{U}_1}{\dot{I}_2}\bigg|_{i_1=0}=Z_2=8\ \Omega$

$$\boldsymbol{Z}=\begin{bmatrix} 10 & 8 \\ 8 & 12 \end{bmatrix}$$

$$y_{11}=\frac{\dot{I}_1}{\dot{U}_1}\bigg|_{U_2=0}=\frac{3}{14}, \quad y_{21}=\frac{\dot{I}_2}{\dot{U}_1}\bigg|_{U_2=0}=-\frac{1}{7}$$

$$y_{12}=\frac{\dot{I}_1}{\dot{U}_2}\bigg|_{U_1=0}=-\frac{1}{7}, \quad y_{22}=\frac{\dot{I}_2}{\dot{U}_2}\bigg|_{U_1=0}=\frac{5}{28}$$

$$\boldsymbol{Y}=\begin{bmatrix} \dfrac{3}{14} & -\dfrac{1}{7} \\ -\dfrac{1}{7} & \dfrac{5}{28} \end{bmatrix}$$

变换可得二端口网络的 T 参数为

$$\boldsymbol{T}=\begin{bmatrix} \dfrac{5}{4} & 7 \\ \dfrac{1}{8} & \dfrac{3}{2} \end{bmatrix}$$

3. 实验步骤

(1) z 参数测定。

① 输出端开路时的等效电路如实验图 8-2 所示(求 z_{11})。

$$z_{11}=\frac{\dot{U}_1}{\dot{I}_1}\bigg|_{I_2=0}=\frac{10}{1}\ \Omega=10\ \Omega$$

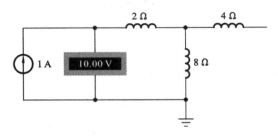

实验图 8-2

② 输出端开路时的等效电路如实验图 8-3 所示(求 z_{21})。

$$z_{21}=\frac{\dot{U}_2}{\dot{I}_1}\bigg|_{I_2=0}=\frac{8}{1}\ \Omega=8\ \Omega$$

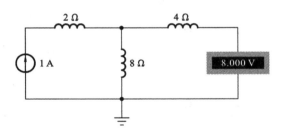

实验图 8-3

③ 输入端开路时的等效电路如实验图 8-4 所示(求 z_{12})。

$$z_{12}=\frac{\dot{U}_1}{\dot{I}_2}\bigg|_{I_1=0}=\frac{16}{2}\ \Omega=8\ \Omega$$

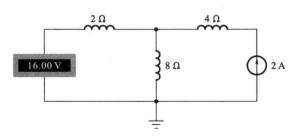

实验图 8-4

④ 输入端开路时的等效电路如实验图 8-5 所示(求 z_{22})。

$$z_{22}=\left.\frac{\dot{U}_2}{\dot{I}_2}\right|_{I_1=0}=\frac{24}{2}\ \Omega=12\ \Omega$$

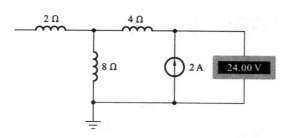

实验图 8-5

（2）y 参数测定。

① 输入端短路时的等效电路如实验图 8-6 所示（求 y_{11}）。

$$y_{11}=\left.\frac{\dot{I}_1}{\dot{U}_1}\right|_{U_2=0}=0.214$$

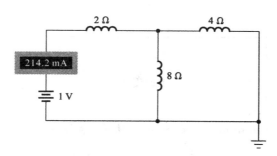

实验图 8-6

② 输入端短路时的等效电路如实验图 8-7 所示（求 y_{21}）。

$$y_{21}=\left.\frac{\dot{I}_2}{\dot{U}_1}\right|_{U_2=0}=-0.1428$$

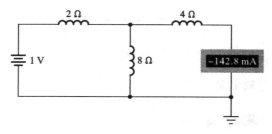

实验图 8-7

③ 输出端短路时的等效电路如实验图 8-8 所示（求 y_{12}）。

$$y_{12}=\left.\frac{\dot{I}_1}{\dot{U}_2}\right|_{U_1=0}=-0.14285$$

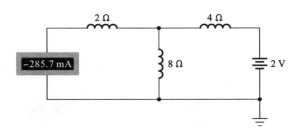

实验图 8-8

④ 输出端短路时的等效电路如实验图 8-9 所示（求 y_{22}）。

$$y_{22} = \frac{\dot{I}_2}{\dot{U}_2}\Bigg|_{\dot{U}_1=0} = 0.17855$$

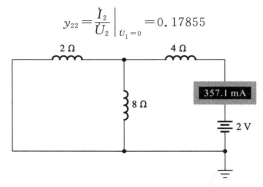

实验图 8-9

（3）T 参数测定。

① 输出端短路时的等效电路如实验图 8-10 所示，令 $\dot{U}_2 = 2$ V（求 A）。

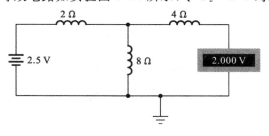

实验图 8-10

上图可知，$\dot{U}_1 = 2.5$ V 时，$\dot{U}_2 = 2$ V。同时验证了 $A = \dfrac{4}{5}$。

② 输出端短路时的等效电路如实验图 8-11 所示，令 $\dot{U}_2 = 2$ V（求 C）。

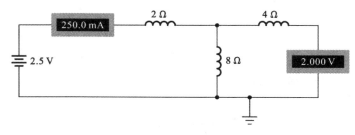

实验图 8-11

上图可知，$\dot{I}_1 = 0.25$ A 时，$\dot{U}_2 = 2$ V。同时验证了 $C = \dfrac{1}{8}$。

③ 输出端短路时的等效电路如实验图 8-12 所示，令 $\dot{I}_2 = 2$ A(求 B, D)。

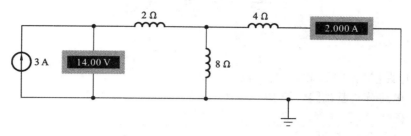

实验图 8-12

由上图可知，当 $\dot{I}_1 = 3$ A 时，$\dot{I}_2 = 2$ A。同时验证了 $B = 7$，$D = \dfrac{3}{2}$。

参 考 文 献

[1] 邱关源. 电路[M]. 4 版. 北京:高等教育出版社,2000.

[2] 李翰荪. 电路分析基础[M]. 3 版. 北京:高等教育出版社,2001.

[3] 张永瑞,杨林耀,张雅兰. 电路分析基础[M]. 2 版. 西安:西安电子科技大学出版社,2000.

[4] 熊年禄. 电路分析基础[M]. 武汉:武汉大学出版社,2010.

[5] 瓦拉赫. 电路分析和设计的计算机方法[M]. 北京:科学出版社,1992.

[6] 洪先龙,等. 计算机辅助电路分析[M]. 北京:清华大学出版社,1982.

[7] 付志红. 计算机辅助电路分析[M]. 北京:高等教育出版社,2007.

[8] 张艳艳,袁媛,夏咏梅. Multisim 软件在《电子技术》课程中的应用[J]. 重庆高教研究,2011,30(4):91-94.

[9] 康科锋,贺小莉. 电子技术实验教程[M]. 西安:西北工业大学出版社,2013.

[10] 郭红想,叶敦范. 电工与电子技术实验[M]. 武汉:中国地质大学出版社,2011.

[11] 熊伟,等. Multisim 7 电路设计及仿真应用[M]. 北京:清华大学出版社,2005.

[12] 李剑清. Multisim 在电路实验教学中的应用[J]. 浙江工业大学学报,2007,35(5):543-546.

[13] 王廷才. 基于 Multisim 的电路仿真分析与设计[J]. 计算机工程与设计,2004,25(4):654-656.

[14] 王静,邢冰冰,罗文,等. 电路分析实验教学改革的实施[J]. 实验技术与管理,2009,26(9):131-134.

[15] 李岩,刘陵顺,卢常伟. 计算机辅助电路分析实验教学的改革与实践[J]. 实验技术与管理,2008,25(9):144-145.

[16] 俎云霄. 面向创新能力培养的电路分析教学改革探讨——以北京邮电大学为例[J]. 北京邮电大学学报(社会科学版),2009,11(3):89-92.